⬇ 정답은 EBS 초등사이트(primary.ebs.co.kr)에서 다운로드 받으실 수 있습니다.

교재 내용 문의
교재 내용 문의는 EBS 초등사이트
(primary.ebs.co.kr)의
교재 Q&A 서비스를 활용하시기 바랍니다.

교재 정오표 공지
발행 이후 발견된 정오 사항을
EBS 초등사이트 정오표 코너에서 알려 드립니다.
교재 검색 → 교재 선택 → 정오표

교재 정정 신청
공지된 정오 내용 외에 발견된 정오 사항이 있다면
EBS 초등사이트를 통해 알려 주세요.
교재 검색 → 교재 선택 → 교재 Q&A

초등 **'국가대표'** 만점왕
이제 **수학**도 꽉 잡아요!

EBS 선생님 **무료강의 제공**

만점왕
연산
11 단계
초등 6학년

만점왕 연산을 선택한

친구들과 학부모님께!

연산은 수학을 공부하는 데 기본이 되는 **수학의 기초 학습**입니다.

어려운 사고력 문제를 풀 수 있는 학생도 정확하고 빠른 속도의 연산 실력이 부족하다면 높은 수학 점수를 받을 수 없습니다.

정해진 시간 안에 문제를 풀어야 하는 데 기초 연산 문제에서 시간을 다 소비하고 나면 정작 문제 해결을 위한 문제를 풀 시간이 없게 되기 때문입니다.

이처럼 연산은 매우 중요하지만 한 번에 길러지는 게 아니라 **꾸준히 학습해야** 합니다. 하지만 기계적인 연산을 반복하는 것은 사고의 폭을 제한할 수 있으므로 연산도 올바른 방법으로 학습해야 합니다.

처음 연산을 시작하는 학생에게는 연산의 정확성과 속도를 높이는 것이 중요하므로 수학의 개념과 원리를 바탕으로 한 충분한 훈련을 통해 연산 능력을 키워야 합니다.

만점왕 연산은 올바른 연산 공부를 위해 만들어진 책입니다.

만점왕 연산의 특징은 무엇인가요?

만점왕 연산은 수학 교과 내용 중 수와 연산, 규칙성 단원을 반영하여 학교 진도에 맞추어 연산 공부를 하기 좋게 만든 책으로 누구나 한 번쯤 해 봤을 연산 교재와는 차별화하여 매일 2쪽씩 부담없이 자기 학년 과정을 꾸준히 공부할 수 있는 연산 교재입니다.

만점왕 연산의 특징은 학교에서 배우는 수학 공부와 병행할 수 있도록 수학의 가장 기초가 되는 연산을 부담없이 매일 학습이 가능하도록 구성하였다는 점입니다.

만점왕 연산은 총 몇 단계로 구성되어 있나요?

취학 전 대상인 예비 초등학생을 위한 **예비 2단계**와 **초등 12단계**를 합하여 총 **14단계**로 구성되어 있습니다.

한 단계는 한 학기를 기준으로 구성하였기 때문에 초등 입학 전부터 시작하여 예비 초등 1, 2단계를 마친 다음에는 1학년부터 6학년까지 총 12학기 동안 꾸준히 학습할 수 있습니다.

단계	Pre ❶단계	Pre ❷단계	❶단계	❷단계	❸단계	❹단계	❺단계
	취학 전 (만 6세부터)	취학 전 (만 6세부터)	초등 1-1	초등 1-2	초등 2-1	초등 2-2	초등 3-1
분량	10차시	10차시	8차시	12차시	12차시	8차시	10차시

단계	❻단계	❼단계	❽단계	❾단계	❿단계	⓫단계	⓬단계
	초등 3-2	초등 4-1	초등 4-2	초등 5-1	초등 5-2	초등 6-1	초등 6-2
분량	10차시	10차시	10차시	10차시	10차시	10차시	10차시

5일차 학습을 하루에 다 풀어도 되나요?

연산은 한 번에 많이 푸는 것이 아니라 매일 꾸준히, 그리고 점차 난이도를 높여 가며 풀어야 실력이 향상됩니다.

만점왕 연산 교재로 **월요일부터 금요일까지 하루에 2쪽씩** 학기 중에 학교 수학 진도와 병행하여 푸는 것이 가장 좋습니다.

학습하기 전! **단원 도입**을 보면서 흥미를 가져요.

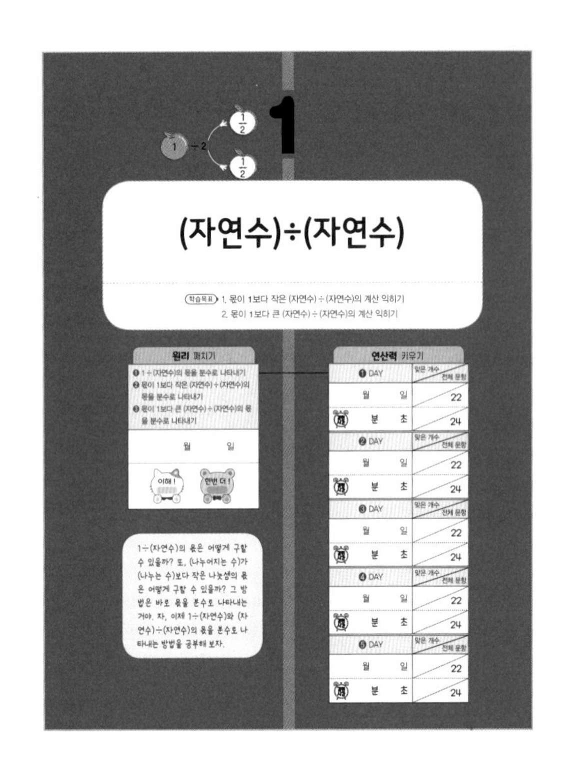

그림으로 이해

각 차시의 내용을 한눈에 이해할 수 있는 간단한 그림으로 표현하였어요.

학습 목표

각 차시별 구체적인 학습 목표를 제시하였어요.

학습 체크란

[원리 깨치기] 코너와 [연산력 키우기] 코너로 구분되어 있어요. 연산력 키우기는 날짜, 시간, 맞은 문항 개수를 매일 체크하여 학습 진행 과정을 스스로 관리할 수 있도록 하였어요.

친절한 설명글

차시에 대한 이해를 돕고 친구들에게 학습에 대한 의욕을 북돋는 글이에요.

원리 깨치기만 보면 계산 원리가 보여요.

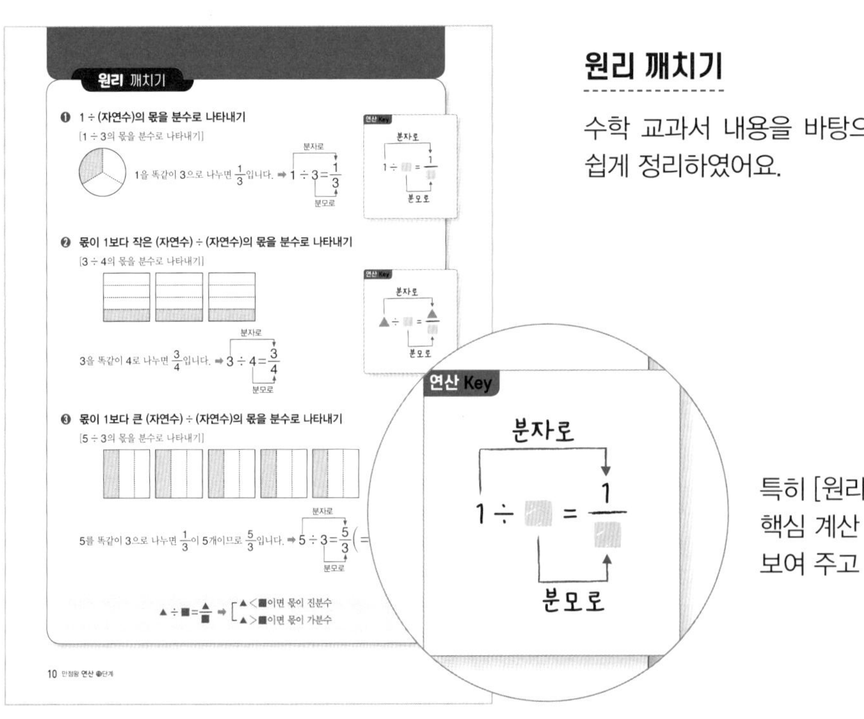

원리 깨치기

수학 교과서 내용을 바탕으로 계산 원리를 알기 쉽게 정리하였어요.

특히 [원리 깨치기] 속 연산 Key 는 핵심 계산 원리를 한눈에 보여 주고 있어요.

5DAY 연산력 키우기로 연산 능력을 쑥쑥 길러요.

1 DAY

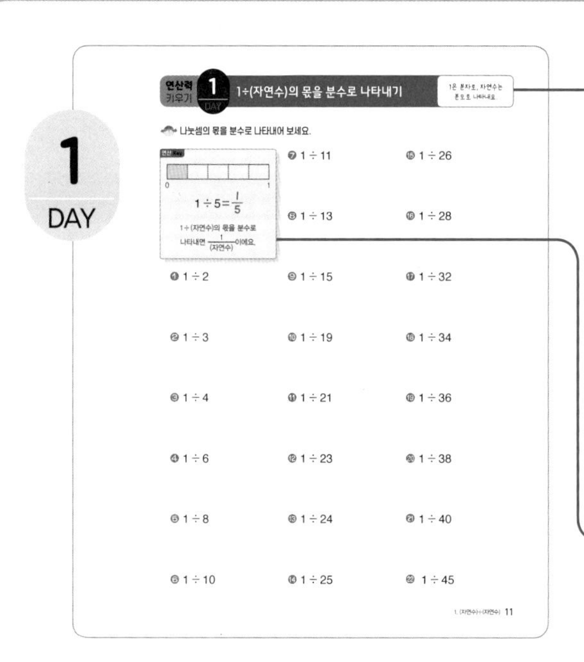
연산력 키우기 1 DAY 1÷(자연수)의 몫을 분수로 나타내기

나눗셈의 몫을 분수로 나타내어 보세요.

연산력 키우기 5 DAY 학습

- [연산력 키우기] 학습에 앞서 [원리 깨치기]를 반드시 학습하여 계산 원리를 충분히 이해해요.
- 각 DAY 1쪽에 있는 오른쪽 상단의 힌트를 읽으면 문제를 풀 때 도움이 돼요.
- 각 DAY 연산 문제를 풀기 전, 연산 Key 를 먼저 확인하고 계산 원리와 방법을 스스로 이해해요.

2 DAY

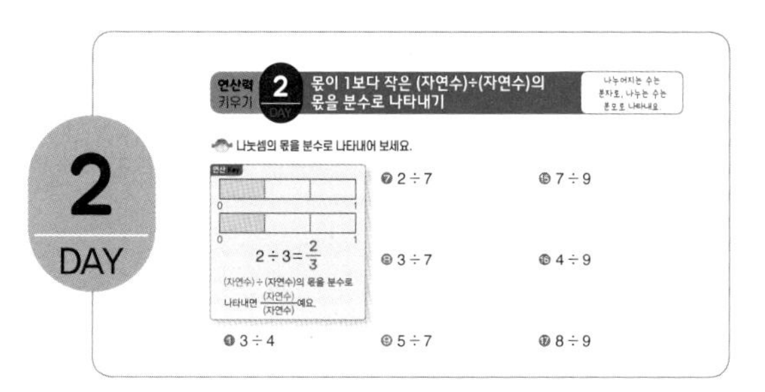
연산력 키우기 2 DAY 몫이 1보다 작은 (자연수)÷(자연수)의 몫을 분수로 나타내기

3 DAY

연산력 키우기 3 DAY 몫이 1보다 큰 (자연수)÷(자연수)의 몫을 분수로 나타내기(1)

나눗셈의 몫을 가분수로 나타내어 보세요.

4 DAY

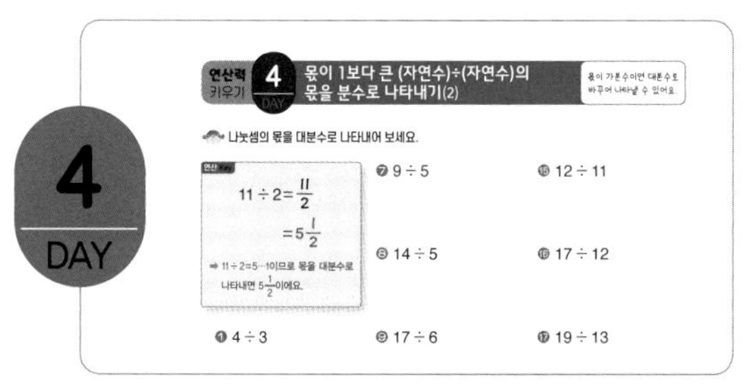
연산력 키우기 4 DAY 몫이 1보다 큰 (자연수)÷(자연수)의 몫을 분수로 나타내기(2)

5 DAY

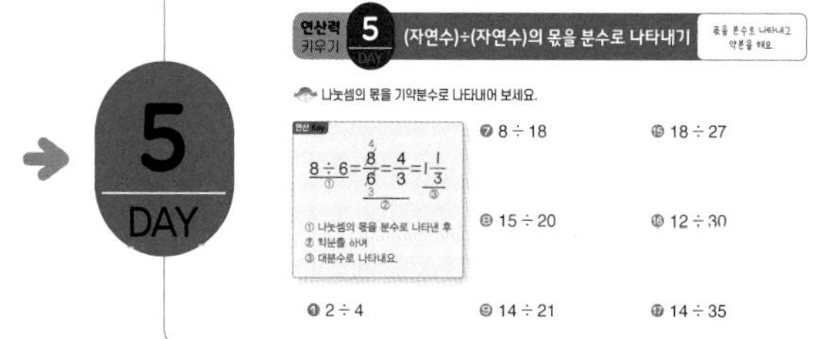
연산력 키우기 5 DAY (자연수)÷(자연수)의 몫을 분수로 나타내기

단계 학습 구성

예비 초등

Pre ❶단계

- **1차시** 1, 2, 3, 4, 5 알기
- **2차시** 6, 7, 8, 9, 10 알기
- **3차시** 10까지의 수의 순서
- **4차시** 10까지의 수의 크기 비교
- **5차시** 2~5까지의 수 모으기와 가르기
- **6차시** 5까지의 덧셈
- **7차시** 5까지의 뺄셈
- **8차시** 6~9까지의 수 모으기와 가르기
- **9차시** 10보다 작은 덧셈
- **10차시** 10보다 작은 뺄셈

Pre ❷단계

- **1차시** 십몇 알기
- **2차시** 50까지의 수 알기
- **3차시** 100까지의 수 알기
- **4차시** 100까지의 수의 순서
- **5차시** 100까지의 수의 크기 비교
- **6차시** 10 모으기와 가르기
- **7차시** 10이 되는 덧셈
- **8차시** 10에서 빼는 뺄셈
- **9차시** 10보다 큰 덧셈
- **10차시** 10보다 큰 뺄셈

초등 1학년

❶단계

- **1차시** 2~6까지의 수 모으기와 가르기
- **2차시** 7~9까지의 수 모으기와 가르기
- **3차시** 합이 9까지인 덧셈 (1)
- **4차시** 합이 9까지인 덧셈 (2)
- **5차시** 차가 8까지인 뺄셈 (1)
- **6차시** 차가 8까지인 뺄셈 (2)
- **7차시** 0을 더하거나 빼기
- **8차시** 덧셈, 뺄셈 규칙으로 계산하기

❷단계

- **1차시** (몇십)+(몇), (몇십몇)+(몇)
- **2차시** (몇십)+(몇십), (몇십몇)+(몇십몇)
- **3차시** (몇십몇)−(몇)
- **4차시** (몇십)−(몇십), (몇십몇)−(몇십몇)
- **5차시** 세 수의 덧셈과 뺄셈
- **6차시** 이어 세기로 두 수 더하기
- **7차시** 10이 되는 덧셈식, 10에서 빼는 뺄셈식
- **8차시** 10을 만들어 더하기
- **9차시** 10을 이용하여 모으기와 가르기
- **10차시** (몇)+(몇)=(십몇)
- **11차시** (십몇)−(몇)=(몇)
- **12차시** 덧셈, 뺄셈 규칙으로 계산하기

초등 2학년

❸단계

- **1차시** (두 자리 수)+(한 자리 수)
- **2차시** (두 자리 수)+(두 자리 수)
- **3차시** 여러 가지 방법으로 덧셈하기
- **4차시** (두 자리 수)−(한 자리 수)
- **5차시** (두 자리 수)−(두 자리 수)
- **6차시** 여러 가지 방법으로 뺄셈하기
- **7차시** 덧셈과 뺄셈의 관계를 식으로 나타내기
- **8차시** □의 값 구하기
- **9차시** 세 수의 계산
- **10차시** 여러 가지 방법으로 세기
- **11차시** 곱셈식 알아보기
- **12차시** 곱셈식으로 나타내기

❹단계

- **1차시** 2단, 5단 곱셈구구
- **2차시** 3단, 6단 곱셈구구
- **3차시** 2, 3, 5, 6단 곱셈구구
- **4차시** 4단, 8단 곱셈구구
- **5차시** 7단, 9단 곱셈구구
- **6차시** 4, 7, 8, 9단 곱셈구구
- **7차시** 1단, 0의 곱, 곱셈표
- **8차시** 곱셈구구의 완성

초등 3학년

⑤단계		⑥단계	
1차시	세 자리 수의 덧셈 (1)	1차시	(세 자리 수)×(한 자리 수) (1)
2차시	세 자리 수의 덧셈 (2)	2차시	(세 자리 수)×(한 자리 수) (2)
3차시	세 자리 수의 뺄셈 (1)	3차시	(두 자리 수)×(두 자리 수) (1), (한 자리 수)×(두 자리 수)
4차시	세 자리 수의 뺄셈 (2)	4차시	(두 자리 수)×(두 자리 수) (2)
5차시	(두 자리 수)÷(한 자리 수) (1)	5차시	(두 자리 수)÷(한 자리 수) (1)
6차시	(두 자리 수)÷(한 자리 수) (2)	6차시	(두 자리 수)÷(한 자리 수) (2)
7차시	(두 자리 수)×(한 자리 수) (1)	7차시	(세 자리 수)÷(한 자리 수) (1)
8차시	(두 자리 수)×(한 자리 수) (2)	8차시	(세 자리 수)÷(한 자리 수) (2)
9차시	(두 자리 수)×(한 자리 수) (3)	9차시	분수
10차시	(두 자리 수)×(한 자리 수) (4)	10차시	여러 가지 분수, 분수의 크기 비교

초등 4학년

⑦단계		⑧단계	
1차시	(몇백)×(몇십), (몇백몇십)×(몇십)	1차시	분수의 덧셈 (1)
2차시	(세 자리 수)×(몇십)	2차시	분수의 뺄셈 (1)
3차시	(몇백)×(두 자리 수), (몇백몇십)×(두 자리 수)	3차시	분수의 덧셈 (2)
4차시	(세 자리 수)×(두 자리 수)	4차시	분수의 뺄셈 (2)
5차시	(두 자리 수)÷(몇십)	5차시	분수의 뺄셈 (3)
6차시	(세 자리 수)÷(몇십)	6차시	분수의 뺄셈 (4)
7차시	(두 자리 수)÷(두 자리 수)	7차시	자릿수가 같은 소수의 덧셈
8차시	몫이 한 자리 수인 (세 자리 수)÷(두 자리 수)	8차시	자릿수가 다른 소수의 덧셈
9차시	몫이 두 자리 수이고 나누어떨어지는 (세 자리 수)÷(두 자리 수)	9차시	자릿수가 같은 소수의 뺄셈
10차시	몫이 두 자리 수이고 나머지가 있는 (세 자리 수)÷(두 자리 수)	10차시	자릿수가 다른 소수의 뺄셈

초등 5학년

⑨단계		⑩단계	
1차시	덧셈과 뺄셈이 섞여 있는 식/곱셈과 나눗셈이 섞여 있는 식	1차시	(분수)×(자연수)
2차시	덧셈, 뺄셈, 곱셈이 섞여 있는 식/덧셈, 뺄셈, 나눗셈이 섞여 있는 식	2차시	(자연수)×(분수)
3차시	덧셈, 뺄셈, 곱셈, 나눗셈이 섞여 있는 식	3차시	진분수의 곱셈
4차시	약수와 배수 (1)	4차시	대분수의 곱셈
5차시	약수와 배수 (2)	5차시	여러 가지 분수의 곱셈
6차시	약분과 통분 (1)	6차시	(소수)×(자연수)
7차시	약분과 통분 (2)	7차시	(자연수)×(소수)
8차시	진분수의 덧셈	8차시	(소수)×(소수) (1)
9차시	대분수의 덧셈	9차시	(소수)×(소수) (2)
10차시	분수의 뺄셈	10차시	곱의 소수점의 위치

초등 6학년

⑪단계		⑫단계	
1차시	(자연수)÷(자연수)	1차시	(진분수)÷(진분수) (1)
2차시	(분수)÷(자연수)	2차시	(진분수)÷(진분수) (2)
3차시	(진분수)÷(자연수), (가분수)÷(자연수)	3차시	(분수)÷(분수) (1)
4차시	(대분수)÷(자연수)	4차시	(분수)÷(분수) (2)
5차시	(소수)÷(자연수) (1)	5차시	자릿수가 같은 (소수)÷(소수)
6차시	(소수)÷(자연수) (2)	6차시	자릿수가 다른 (소수)÷(소수)
7차시	(소수)÷(자연수) (3)	7차시	(자연수)÷(소수)
8차시	(소수)÷(자연수) (4)	8차시	몫을 반올림하여 나타내기
9차시	비와 비율 (1)	9차시	비례식과 비례배분 (1)
10차시	비와 비율 (2)	10차시	비례식과 비례배분 (2)

차례

1차시 (자연수)÷(자연수) 9

2차시 (분수)÷(자연수) 21

3차시 (진분수)÷(자연수), (가분수)÷(자연수) 33

4차시 (대분수)÷(자연수) 45

5차시 (소수)÷(자연수)(1) 57

6차시 (소수)÷(자연수)(2) 69

7차시 (소수)÷(자연수)(3) 81

8차시 (소수)÷(자연수)(4) 93

9차시 비와 비율(1) 105

10차시 비와 비율(2) 117

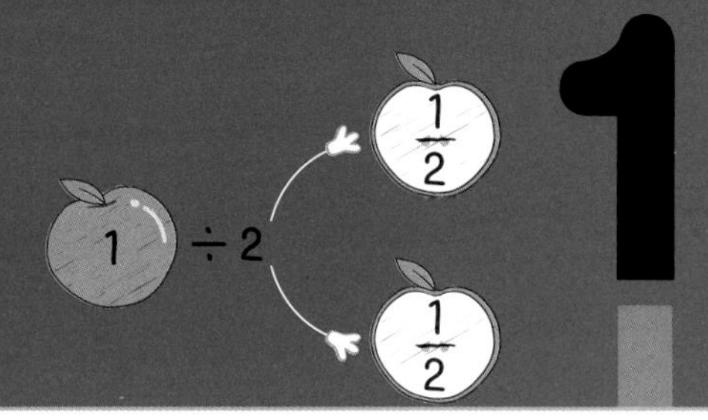

1

(자연수)÷(자연수)

학습목표 1. 몫이 1보다 작은 (자연수) ÷ (자연수)의 계산 익히기
2. 몫이 1보다 큰 (자연수) ÷ (자연수)의 계산 익히기

원리 깨치기

❶ 1 ÷ (자연수)의 몫을 분수로 나타내기
❷ 몫이 1보다 작은 (자연수) ÷ (자연수)의 몫을 분수로 나타내기
❸ 몫이 1보다 큰 (자연수) ÷ (자연수)의 몫을 분수로 나타내기

월 일

1÷(자연수)의 몫은 어떻게 구할 수 있을까? 또, (나누어지는 수)가 (나누는 수)보다 작은 나눗셈의 몫은 어떻게 구할 수 있을까? 그 방법은 바로 몫을 분수로 나타내는 거야. 자, 이제 1÷(자연수)와 (자연수)÷(자연수)의 몫을 분수로 나타내는 방법을 공부해 보자.

연산력 키우기

❶ DAY		맞은 개수 / 전체 문항
월	일	22
걸린 시간 분	초	24
❷ DAY		맞은 개수 / 전체 문항
월	일	22
걸린 시간 분	초	24
❸ DAY		맞은 개수 / 전체 문항
월	일	22
걸린 시간 분	초	24
❹ DAY		맞은 개수 / 전체 문항
월	일	22
걸린 시간 분	초	24
❺ DAY		맞은 개수 / 전체 문항
월	일	22
걸린 시간 분	초	24

원리 깨치기

❶ 1 ÷ (자연수)의 몫을 분수로 나타내기

[1 ÷ 3의 몫을 분수로 나타내기]

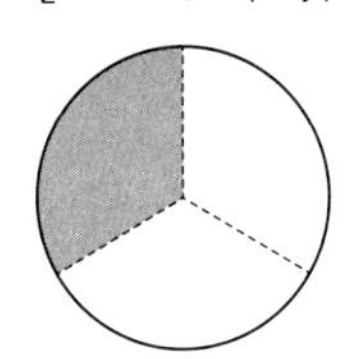

1을 똑같이 3으로 나누면 $\frac{1}{3}$입니다. ➡ $1 \div 3 = \frac{1}{3}$

분자로 / 분모로

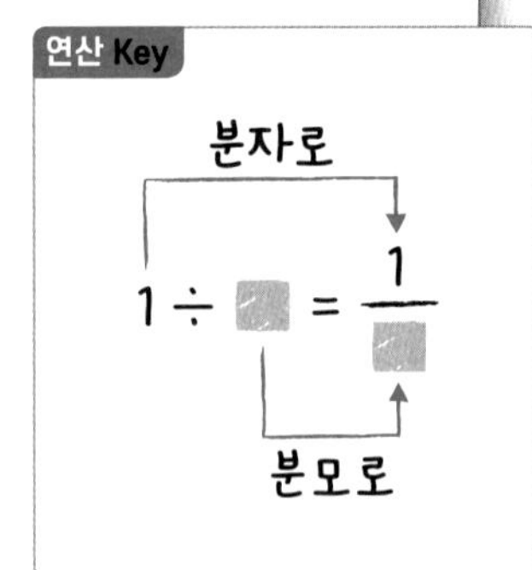

❷ 몫이 1보다 작은 (자연수) ÷ (자연수)의 몫을 분수로 나타내기

[3 ÷ 4의 몫을 분수로 나타내기]

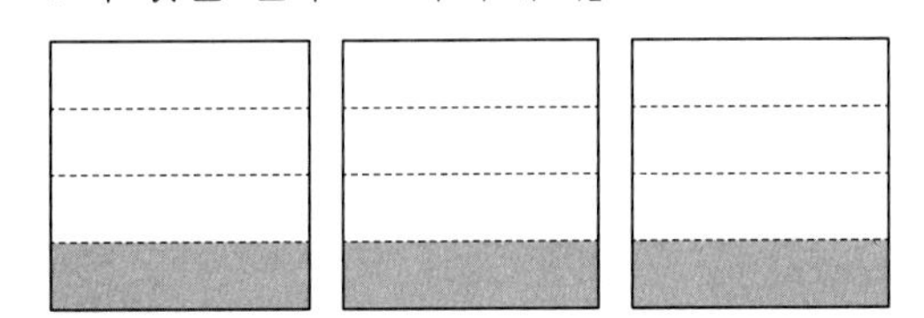

3을 똑같이 4로 나누면 $\frac{3}{4}$입니다. ➡ $3 \div 4 = \frac{3}{4}$

분자로 / 분모로

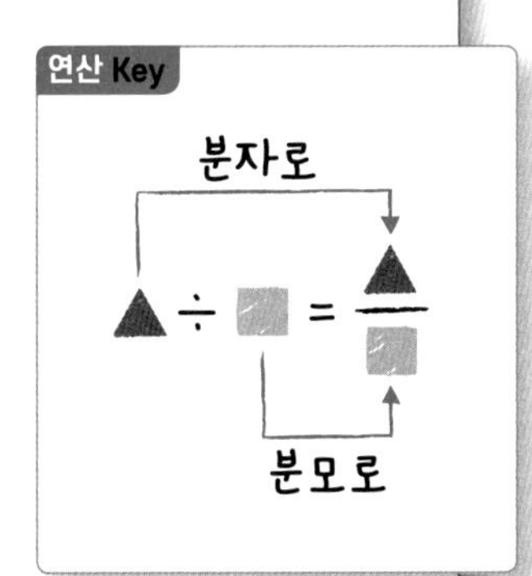

❸ 몫이 1보다 큰 (자연수) ÷ (자연수)의 몫을 분수로 나타내기

[5 ÷ 3의 몫을 분수로 나타내기]

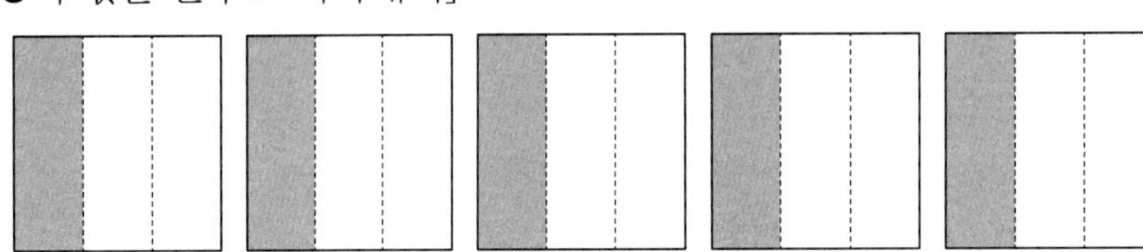

5를 똑같이 3으로 나누면 $\frac{1}{3}$이 5개이므로 $\frac{5}{3}$입니다. ➡ $5 \div 3 = \frac{5}{3}\left(=1\frac{2}{3}\right)$

분자로 / 분모로

▲ ÷ ■ = ▲/■ ➡ ▲ < ■이면 몫이 진분수, ▲ > ■이면 몫이 가분수

연산력 키우기 1 DAY

1÷(자연수)의 몫을 분수로 나타내기

1은 분자로, 자연수는 분모로 나타내요.

나눗셈의 몫을 분수로 나타내어 보세요.

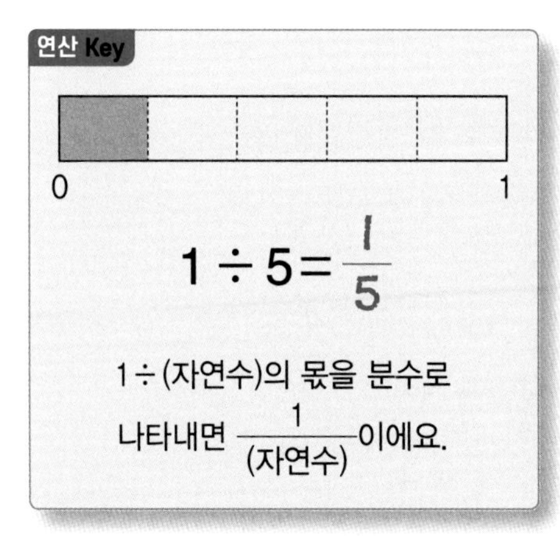

연산 Key
0
1
1 ÷ 5 = 1/5
1 ÷ (자연수)의 몫을 분수로 나타내면 1/(자연수)이에요.

❶ 1 ÷ 2

❷ 1 ÷ 3

❸ 1 ÷ 4

❹ 1 ÷ 6

❺ 1 ÷ 8

❻ 1 ÷ 10

❼ 1 ÷ 11

❽ 1 ÷ 13

❾ 1 ÷ 15

❿ 1 ÷ 19

⓫ 1 ÷ 21

⓬ 1 ÷ 23

⓭ 1 ÷ 24

⓮ 1 ÷ 25

⓯ 1 ÷ 26

⓰ 1 ÷ 28

⓱ 1 ÷ 32

⓲ 1 ÷ 34

⓳ 1 ÷ 36

⓴ 1 ÷ 38

㉑ 1 ÷ 40

㉒ 1 ÷ 45

1 DAY

1÷(자연수)의 몫을 분수로 나타내기

나눗셈의 몫을 분수로 나타내어 보세요.

❶ $1 \div 12$

❷ $1 \div 17$

❸ $1 \div 27$

❹ $1 \div 29$

❺ $1 \div 31$

❻ $1 \div 35$

❼ $1 \div 37$

❽ $1 \div 39$

❾ $1 \div 42$

❿ $1 \div 43$

⓫ $1 \div 44$

⓬ $1 \div 46$

⓭ $1 \div 49$

⓮ $1 \div 51$

⓯ $1 \div 55$

⓰ $1 \div 57$

⓱ $1 \div 59$

⓲ $1 \div 64$

⓳ $1 \div 71$

⓴ $1 \div 77$

㉑ $1 \div 79$

㉒ $1 \div 81$

㉓ $1 \div 83$

㉔ $1 \div 86$

연산력 키우기 2 DAY

몫이 1보다 작은 (자연수)÷(자연수)의 몫을 분수로 나타내기

나누어지는 수는 분자로, 나누는 수는 분모로 나타내요.

나눗셈의 몫을 분수로 나타내어 보세요.

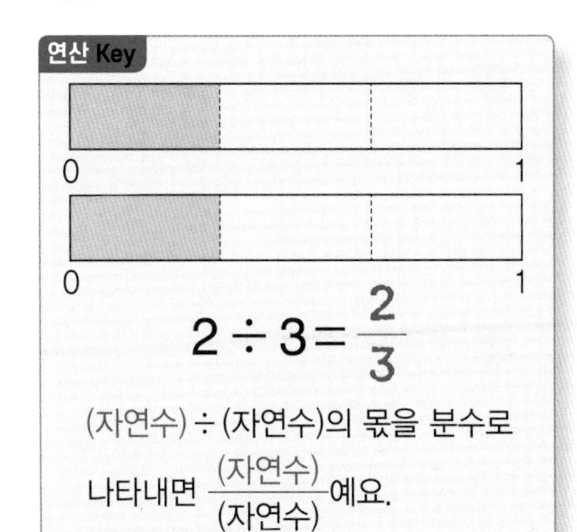

$2 \div 3 = \frac{2}{3}$

(자연수) ÷ (자연수)의 몫을 분수로 나타내면 $\frac{(자연수)}{(자연수)}$예요.

❶ $3 \div 4$

❷ $4 \div 5$

❸ $2 \div 5$

❹ $3 \div 5$

❺ $5 \div 6$

❻ $6 \div 7$

❼ $2 \div 7$

❽ $3 \div 7$

❾ $5 \div 7$

❿ $4 \div 7$

⓫ $7 \div 8$

⓬ $3 \div 8$

⓭ $5 \div 8$

⓮ $5 \div 9$

⓯ $7 \div 9$

⓰ $4 \div 9$

⓱ $8 \div 9$

⓲ $2 \div 9$

⓳ $7 \div 10$

⓴ $3 \div 10$

㉑ $9 \div 11$

㉒ $7 \div 12$

2 DAY 몫이 1보다 작은 (자연수)÷(자연수)의 몫을 분수로 나타내기

나눗셈의 몫을 분수로 나타내어 보세요.

❶ $6 \div 11$

❷ $5 \div 12$

❸ $11 \div 12$

❹ $7 \div 13$

❺ $10 \div 13$

❻ $12 \div 13$

❼ $11 \div 13$

❽ $9 \div 14$

❾ $8 \div 15$

❿ $13 \div 15$

⓫ $14 \div 15$

⓬ $5 \div 16$

⓭ $15 \div 16$

⓮ $6 \div 17$

⓯ $15 \div 17$

⓰ $7 \div 18$

⓱ $13 \div 18$

⓲ $17 \div 20$

⓳ $16 \div 21$

⓴ $15 \div 22$

㉑ $12 \div 25$

㉒ $16 \div 27$

㉓ $27 \div 28$

㉔ $21 \div 32$

연산력 키우기 3 DAY

몫이 1보다 큰 (자연수)÷(자연수)의 몫을 분수로 나타내기(1)

나누어지는 수가 나누는 수보다 크면 몫은 가분수로 나타내요.

나눗셈의 몫을 가분수로 나타내어 보세요.

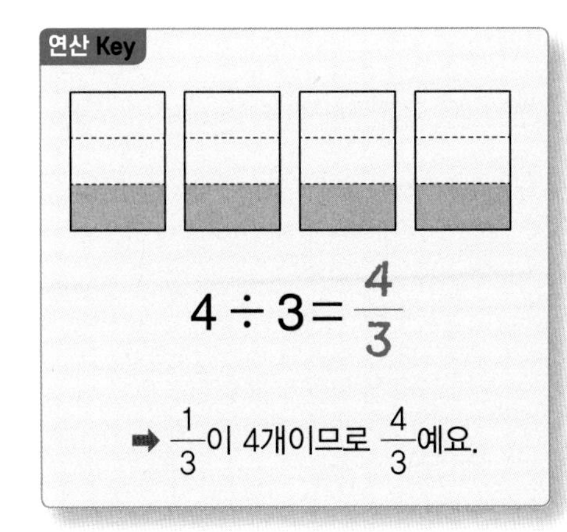

연산 Key
$4 \div 3 = \frac{4}{3}$
➡ $\frac{1}{3}$이 4개이므로 $\frac{4}{3}$예요.

❶ $5 \div 2$

❷ $5 \div 3$

❸ $7 \div 3$

❹ $8 \div 3$

❺ $13 \div 3$

❻ $5 \div 4$

❼ $7 \div 4$

❽ $9 \div 4$

❾ $17 \div 4$

❿ $6 \div 5$

⓫ $7 \div 5$

⓬ $11 \div 5$

⓭ $23 \div 5$

⓮ $7 \div 6$

⓯ $13 \div 6$

⓰ $8 \div 7$

⓱ $9 \div 7$

⓲ $9 \div 8$

⓳ $27 \div 8$

⓴ $14 \div 9$

㉑ $20 \div 9$

㉒ $28 \div 9$

3 DAY

몫이 1보다 큰 (자연수)÷(자연수)의 몫을 분수로 나타내기(1)

나눗셈의 몫을 가분수로 나타내어 보세요.

❶ $11 \div 10$

❷ $14 \div 11$

❸ $13 \div 12$

❹ $25 \div 12$

❺ $23 \div 12$

❻ $15 \div 13$

❼ $21 \div 13$

❽ $18 \div 13$

❾ $17 \div 14$

❿ $19 \div 14$

⓫ $16 \div 15$

⓬ $22 \div 15$

⓭ $19 \div 16$

⓮ $21 \div 16$

⓯ $27 \div 16$

⓰ $18 \div 17$

⓱ $36 \div 19$

⓲ $43 \div 21$

⓳ $28 \div 27$

⓴ $35 \div 27$

㉑ $32 \div 27$

㉒ $47 \div 30$

㉓ $78 \div 35$

㉔ $63 \div 40$

연산력 키우기 4 DAY

몫이 1보다 큰 (자연수)÷(자연수)의 몫을 분수로 나타내기(2)

몫이 가분수이면 대분수로 바꾸어 나타낼 수 있어요.

나눗셈의 몫을 대분수로 나타내어 보세요.

연산 Key

$11 \div 2 = \frac{11}{2}$

$= 5\frac{1}{2}$

➡ 11÷2=5…1이므로 몫을 대분수로 나타내면 $5\frac{1}{2}$이에요.

❶ $4 \div 3$

❷ $5 \div 3$

❸ $5 \div 4$

❹ $11 \div 4$

❺ $13 \div 4$

❻ $7 \div 5$

❼ $9 \div 5$

❽ $14 \div 5$

❾ $17 \div 6$

❿ $18 \div 7$

⓫ $19 \div 8$

⓬ $10 \div 9$

⓭ $29 \div 10$

⓮ $13 \div 10$

⓯ $12 \div 11$

⓰ $17 \div 12$

⓱ $19 \div 13$

⓲ $15 \div 14$

⓳ $23 \div 15$

⓴ $17 \div 16$

㉑ $20 \div 17$

㉒ $25 \div 18$

4 DAY 몫이 1보다 큰 (자연수)÷(자연수)의 몫을 분수로 나타내기(2)

나눗셈의 몫을 대분수로 나타내어 보세요.

❶ $8 \div 3$

❷ $11 \div 3$

❸ $21 \div 4$

❹ $15 \div 4$

❺ $12 \div 5$

❻ $17 \div 5$

❼ $16 \div 7$

❽ $23 \div 7$

❾ $21 \div 11$

❿ $39 \div 11$

⓫ $25 \div 12$

⓬ $34 \div 13$

⓭ $50 \div 13$

⓮ $39 \div 14$

⓯ $51 \div 14$

⓰ $32 \div 15$

⓱ $56 \div 15$

⓲ $45 \div 16$

⓳ $55 \div 17$

⓴ $35 \div 18$

㉑ $53 \div 19$

㉒ $31 \div 20$

㉓ $37 \div 21$

㉔ $41 \div 24$

연산력 키우기 5 DAY

(자연수)÷(자연수)의 몫을 분수로 나타내기

몫을 분수로 나타내고 약분을 해요.

나눗셈의 몫을 기약분수로 나타내어 보세요.

연산 Key

$8 \div 6 = \frac{\overset{4}{\cancel{8}}}{\underset{3}{\cancel{6}}} = \frac{4}{3} = 1\frac{1}{3}$

① 나눗셈의 몫을 분수로 나타낸 후
② 약분을 하여
③ 대분수로 나타내요.

❶ $2 \div 4$

❷ $3 \div 9$

❸ $10 \div 12$

❹ $9 \div 15$

❺ $4 \div 16$

❻ $15 \div 18$

❼ $8 \div 18$

❽ $15 \div 20$

❾ $14 \div 21$

❿ $18 \div 24$

⓫ $16 \div 24$

⓬ $14 \div 24$

⓭ $5 \div 25$

⓮ $13 \div 26$

⓯ $18 \div 27$

⓰ $12 \div 30$

⓱ $14 \div 35$

⓲ $6 \div 36$

⓳ $15 \div 36$

⓴ $15 \div 50$

㉑ $22 \div 55$

㉒ $28 \div 63$

5 DAY (자연수)÷(자연수)의 몫을 분수로 나타내기

나눗셈의 몫을 기약분수로 나타내어 보세요.

❶ $10 \div 4$

❷ $22 \div 4$

❸ $14 \div 6$

❹ $26 \div 6$

❺ $16 \div 6$

❻ $20 \div 8$

❼ $34 \div 8$

❽ $30 \div 8$

❾ $18 \div 10$

❿ $42 \div 12$

⓫ $28 \div 12$

⓬ $30 \div 14$

⓭ $55 \div 15$

⓮ $21 \div 15$

⓯ $74 \div 20$

⓰ $30 \div 20$

⓱ $49 \div 21$

⓲ $82 \div 24$

⓳ $35 \div 25$

⓴ $77 \div 28$

㉑ $93 \div 33$

㉒ $50 \div 35$

㉓ $55 \div 40$

㉔ $99 \div 42$

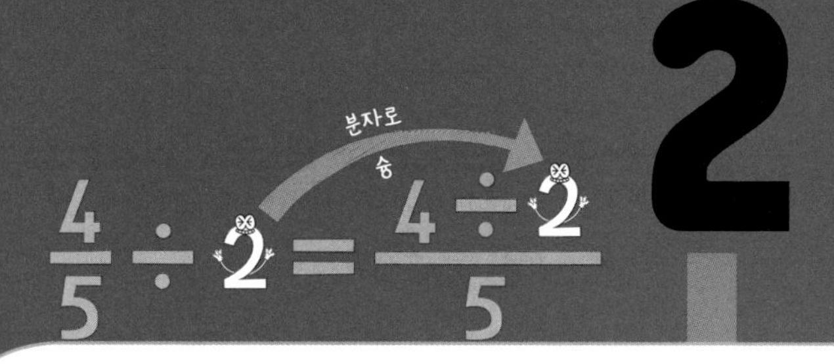

2

(분수)÷(자연수)

학습목표 1. 분자가 자연수의 배수인 (분수) ÷ (자연수)의 계산 익히기
2. 분자가 자연수의 배수가 아닌 (분수) ÷ (자연수)의 계산 익히기

원리 깨치기

❶ 분자가 자연수의 배수인 (분수) ÷ (자연수)
❷ 분자가 자연수의 배수가 아닌 (분수) ÷ (자연수)

월 일

연산력 키우기

DAY	날짜 / 걸린 시간	맞은 개수 / 전체 문항
❶ DAY	월 일	22
	걸린 시간 분 초	24
❷ DAY	월 일	22
	걸린 시간 분 초	24
❸ DAY	월 일	22
	걸린 시간 분 초	24
❹ DAY	월 일	22
	걸린 시간 분 초	24
❺ DAY	월 일	21
	걸린 시간 분 초	24

분자가 자연수의 배수인 (분수)÷(자연수)를 어떻게 계산할 수 있을까? 또 분자가 자연수의 배수가 아닌 (분수)÷(자연수)는 어떻게 계산할 수 있을까?
자! 그럼, (분수)÷(자연수)를 공부해 보자.

원리 깨치기

❶ 분자가 자연수의 배수인 (분수) ÷ (자연수)

[$\frac{4}{5} \div 2$ 계산하기]

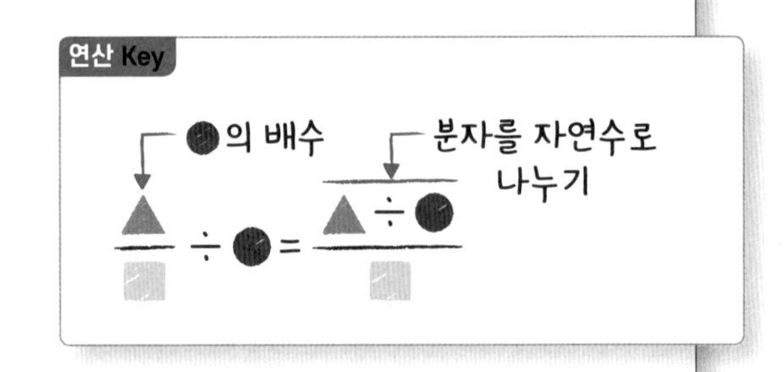

$$\frac{4}{5} \div 2 = \frac{4 \div 2}{5} = \frac{2}{5}$$

분수의 분자가 자연수의 배수일 때에는 분자를 자연수로 나눕니다.

❷ 분자가 자연수의 배수가 아닌 (분수) ÷ (자연수)

[$\frac{4}{5} \div 3$ 계산하기]

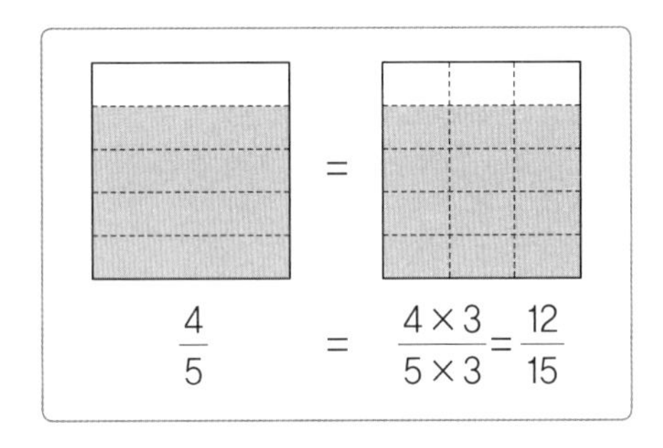

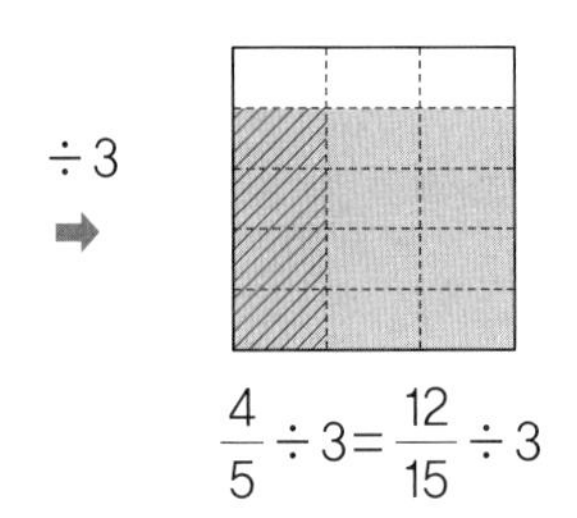

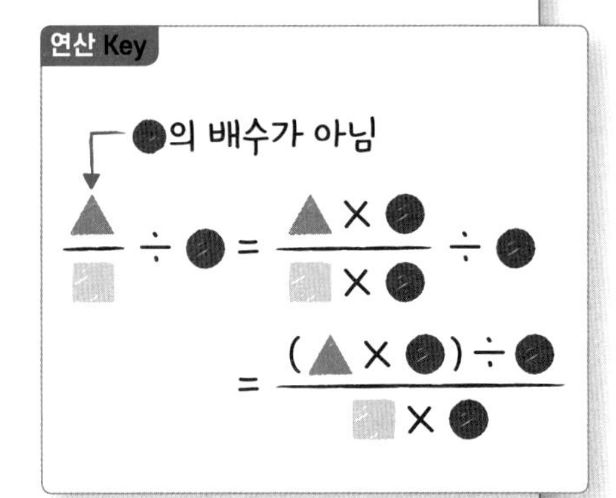

$$\frac{4}{5} \div 3 = \frac{4 \times 3}{5 \times 3} \div 3 = \frac{12}{15} \div 3 = \frac{12 \div 3}{15} = \frac{4}{15}$$

분수의 분자가 자연수의 배수가 아닐 때에는 크기가 같은 분수 중에서 분자가 자연수의 배수인 분수로 바꾸어 계산합니다.

분자가 자연수(나누는 수)의 배수
- 예 → 분자를 자연수로 나눕니다.
- 아니요 → 크기가 같은 분수 중 분자가 자연수의 배수인 분수로 바꾸고 ❶번처럼 분자를 자연수로 나눕니다.

연산력 키우기 1 DAY

분자가 자연수의 배수인 (진분수)÷(자연수)

분자를 자연수로 나누어 몫을 구해요.

계산해 보세요.

연산 Key

$\frac{4}{9} \div 2 = \frac{\boxed{4 \div 2}}{9} = \frac{2}{9}$

분자를 나누는 수 2로 나누어 몫을 구해요.

❶ $\frac{2}{3} \div 2$

❷ $\frac{4}{5} \div 2$

❸ $\frac{4}{7} \div 2$

❹ $\frac{6}{7} \div 2$

❺ $\frac{6}{11} \div 2$

❻ $\frac{10}{13} \div 2$

❼ $\frac{3}{5} \div 3$

❽ $\frac{6}{7} \div 3$

❾ $\frac{6}{13} \div 3$

❿ $\frac{9}{11} \div 3$

⓫ $\frac{8}{9} \div 4$

⓬ $\frac{12}{13} \div 4$

⓭ $\frac{12}{19} \div 4$

⓮ $\frac{5}{7} \div 5$

⓯ $\frac{5}{9} \div 5$

⓰ $\frac{15}{16} \div 5$

⓱ $\frac{12}{17} \div 6$

⓲ $\frac{7}{8} \div 7$

⓳ $\frac{14}{15} \div 7$

⓴ $\frac{14}{17} \div 7$

㉑ $\frac{8}{11} \div 8$

㉒ $\frac{16}{17} \div 8$

1 DAY 분자가 자연수의 배수인 (진분수)÷(자연수)

계산해 보세요.

❶ $\frac{14}{15} \div 2$

❷ $\frac{15}{16} \div 3$

❸ $\frac{12}{25} \div 3$

❹ $\frac{21}{31} \div 3$

❺ $\frac{20}{21} \div 4$

❻ $\frac{20}{23} \div 5$

❼ $\frac{24}{29} \div 4$

❽ $\frac{28}{33} \div 4$

❾ $\frac{15}{17} \div 5$

❿ $\frac{20}{27} \div 5$

⓫ $\frac{18}{19} \div 6$

⓬ $\frac{30}{37} \div 6$

⓭ $\frac{21}{29} \div 7$

⓮ $\frac{18}{23} \div 9$

⓯ $\frac{18}{25} \div 9$

⓰ $\frac{20}{31} \div 10$

⓱ $\frac{44}{47} \div 11$

⓲ $\frac{24}{35} \div 12$

⓳ $\frac{36}{53} \div 12$

⓴ $\frac{60}{71} \div 12$

㉑ $\frac{39}{50} \div 13$

㉒ $\frac{52}{55} \div 13$

㉓ $\frac{30}{43} \div 15$

㉔ $\frac{75}{77} \div 15$

연산력 키우기 2 DAY

분자가 자연수의 배수인 (가분수)÷(자연수)

분자가 나누는 수로 나누어 떨어지면 분자를 자연수로 나누어 계산해요.

계산해 보세요.

연산 Key

$\frac{8}{3} \div 2 = \frac{\boxed{8 \div 2}}{3}$

$= \frac{4}{3} = 1\frac{1}{3}$

분자를 나누는 수 2로 나누어 몫을 구해요.

❶ $\frac{6}{5} \div 2$

❷ $\frac{14}{9} \div 2$

❸ $\frac{9}{8} \div 3$

❹ $\frac{15}{11} \div 3$

❺ $\frac{27}{14} \div 3$

❻ $\frac{4}{3} \div 4$

❼ $\frac{8}{7} \div 4$

❽ $\frac{5}{4} \div 5$

❾ $\frac{15}{7} \div 5$

❿ $\frac{25}{12} \div 5$

⓫ $\frac{35}{13} \div 5$

⓬ $\frac{6}{5} \div 6$

⓭ $\frac{7}{6} \div 7$

⓮ $\frac{9}{7} \div 9$

⓯ $\frac{60}{17} \div 10$

⓰ $\frac{48}{11} \div 12$

⓱ $\frac{39}{10} \div 13$

⓲ $\frac{42}{13} \div 14$

⓳ $\frac{28}{15} \div 14$

⓴ $\frac{45}{11} \div 15$

㉑ $\frac{75}{13} \div 15$

㉒ $\frac{51}{10} \div 17$

2 DAY 분자가 자연수의 배수인 (가분수)÷(자연수)

계산한 후 몫을 대분수로 나타내어 보세요.

❶ $\frac{16}{7} \div 2$

❷ $\frac{52}{11} \div 2$

❸ $\frac{46}{15} \div 2$

❹ $\frac{45}{4} \div 3$

❺ $\frac{39}{10} \div 3$

❻ $\frac{54}{13} \div 3$

❼ $\frac{20}{3} \div 4$

❽ $\frac{44}{7} \div 4$

❾ $\frac{56}{9} \div 4$

❿ $\frac{45}{4} \div 5$

⓫ $\frac{40}{7} \div 5$

⓬ $\frac{75}{14} \div 5$

⓭ $\frac{96}{13} \div 6$

⓮ $\frac{49}{5} \div 7$

⓯ $\frac{63}{5} \div 7$

⓰ $\frac{96}{11} \div 8$

⓱ $\frac{110}{7} \div 10$

⓲ $\frac{280}{11} \div 10$

⓳ $\frac{121}{8} \div 11$

⓴ $\frac{96}{5} \div 12$

㉑ $\frac{132}{5} \div 12$

㉒ $\frac{91}{4} \div 13$

㉓ $\frac{112}{5} \div 14$

㉔ $\frac{85}{3} \div 17$

연산력 키우기 3 DAY

분자가 자연수의 배수가 아닌 (진분수)÷(자연수)

분자를 나누는 수로 나눌 수 있도록 크기가 같은 분수로 바꿔 봐요.

계산해 보세요.

연산 Key

$$\frac{3}{4} \div 2 = \boxed{\frac{3 \times 2}{4 \times 2}} \div 2 = \frac{6 \div 2}{8} = \frac{3}{8}$$

$\frac{3}{4}$과 크기가 같은 분수 중에서 분자가 나누는 수 2의 배수인 수로 바꾸어 계산해요.

❶ $\frac{3}{5} \div 2$

❷ $\frac{5}{7} \div 2$

❸ $\frac{1}{3} \div 3$

❹ $\frac{2}{5} \div 3$

❺ $\frac{4}{7} \div 3$

❻ $\frac{5}{8} \div 3$

❼ $\frac{8}{11} \div 3$

❽ $\frac{1}{4} \div 4$

❾ $\frac{3}{7} \div 4$

❿ $\frac{5}{12} \div 4$

⓫ $\frac{7}{16} \div 4$

⓬ $\frac{1}{5} \div 5$

⓭ $\frac{3}{8} \div 5$

⓮ $\frac{7}{9} \div 5$

⓯ $\frac{1}{6} \div 6$

⓰ $\frac{7}{13} \div 6$

⓱ $\frac{1}{7} \div 7$

⓲ $\frac{5}{9} \div 7$

⓳ $\frac{9}{14} \div 7$

⓴ $\frac{3}{4} \div 8$

㉑ $\frac{3}{7} \div 8$

㉒ $\frac{5}{7} \div 9$

3 DAY 분자가 자연수의 배수가 아닌 (진분수)÷(자연수)

계산해 보세요.

① $\frac{9}{11} \div 2$

② $\frac{15}{17} \div 2$

③ $\frac{13}{24} \div 2$

④ $\frac{16}{21} \div 3$

⑤ $\frac{15}{16} \div 4$

⑥ $\frac{9}{11} \div 4$

⑦ $\frac{14}{15} \div 5$

⑧ $\frac{11}{12} \div 6$

⑨ $\frac{5}{11} \div 6$

⑩ $\frac{7}{10} \div 6$

⑪ $\frac{13}{14} \div 7$

⑫ $\frac{6}{11} \div 7$

⑬ $\frac{7}{9} \div 8$

⑭ $\frac{2}{5} \div 9$

⑮ $\frac{5}{8} \div 9$

⑯ $\frac{7}{9} \div 10$

⑰ $\frac{3}{7} \div 10$

⑱ $\frac{3}{5} \div 11$

⑲ $\frac{8}{9} \div 11$

⑳ $\frac{5}{6} \div 12$

㉑ $\frac{5}{7} \div 12$

㉒ $\frac{4}{5} \div 13$

㉓ $\frac{1}{3} \div 14$

㉔ $\frac{4}{5} \div 15$

연산력 키우기 4 DAY

분자가 자연수의 배수가 아닌 (가분수)÷(자연수)

(가분수)÷(자연수)도 분자를 나누는 수로 나눌 수 있도록 크기가 같은 분수로 바꿔서 계산해요.

계산해 보세요.

연산 Key

$$\frac{7}{5} \div 2 = \boxed{\frac{7 \times 2}{5 \times 2}} \div 2 = \frac{14 \div 2}{10} = \frac{7}{10}$$

$\frac{7}{5}$과 크기가 같은 분수 중에서 분자가 나누는 수 2의 배수인 수로 바꾸어 계산해요.

❶ $\frac{11}{6} \div 2$

❷ $\frac{4}{3} \div 3$

❸ $\frac{17}{10} \div 3$

❹ $\frac{5}{4} \div 4$

❺ $\frac{21}{8} \div 4$

❻ $\frac{39}{14} \div 4$

❼ $\frac{55}{16} \div 4$

❽ $\frac{6}{5} \div 5$

❾ $\frac{18}{7} \div 5$

❿ $\frac{21}{11} \div 5$

⓫ $\frac{47}{15} \div 5$

⓬ $\frac{59}{17} \div 5$

⓭ $\frac{7}{6} \div 6$

⓮ $\frac{23}{9} \div 6$

⓯ $\frac{25}{12} \div 6$

⓰ $\frac{8}{7} \div 7$

⓱ $\frac{27}{13} \div 7$

⓲ $\frac{11}{2} \div 8$

⓳ $\frac{15}{4} \div 8$

⓴ $\frac{17}{6} \div 8$

㉑ $\frac{13}{3} \div 9$

㉒ $\frac{16}{5} \div 9$

분자가 자연수의 배수가 아닌 (가분수)÷(자연수)

계산해 보세요.

① $\frac{13}{11} \div 2$

② $\frac{19}{17} \div 2$

③ $\frac{13}{12} \div 2$

④ $\frac{49}{9} \div 2$

⑤ $\frac{16}{9} \div 3$

⑥ $\frac{35}{11} \div 3$

⑦ $\frac{15}{7} \div 4$

⑧ $\frac{43}{12} \div 4$

⑨ $\frac{14}{3} \div 5$

⑩ $\frac{41}{6} \div 5$

⑪ $\frac{11}{8} \div 6$

⑫ $\frac{37}{5} \div 6$

⑬ $\frac{13}{8} \div 7$

⑭ $\frac{33}{4} \div 7$

⑮ $\frac{31}{3} \div 8$

⑯ $\frac{19}{2} \div 9$

⑰ $\frac{9}{8} \div 10$

⑱ $\frac{10}{9} \div 11$

⑲ $\frac{7}{6} \div 12$

⑳ $\frac{25}{4} \div 12$

㉑ $\frac{9}{7} \div 14$

㉒ $\frac{7}{3} \div 15$

㉓ $\frac{8}{5} \div 15$

㉔ $\frac{5}{2} \div 16$

연산력 키우기 **5** DAY

(분수)÷(자연수)를 분자의 나눗셈으로 계산하기

(분수)÷(자연수)를 나눗셈으로 계산한 후 약분하여 기약분수로 나타내요.

계산한 후 기약분수로 나타내어 보세요.

연산 Key

$$\frac{4}{6} \div 2 = \frac{4 \div 2}{6} = \frac{\overset{1}{\cancel{2}}}{\underset{3}{\cancel{6}}} = \frac{1}{3}$$

$$\frac{10}{4} \div 3 = \frac{10 \times 3}{4 \times 3} \div 3 = \frac{30 \div 3}{12} = \frac{\overset{5}{\cancel{10}}}{\underset{6}{\cancel{12}}} = \frac{5}{6}$$

분자를 자연수로 나누어 계산해요.

❶ $\frac{2}{5} \div 2$

❷ $\frac{6}{9} \div 2$

❸ $\frac{5}{8} \div 2$

❹ $\frac{14}{21} \div 2$

❺ $\frac{10}{35} \div 2$

❻ $\frac{6}{11} \div 3$

❼ $\frac{9}{12} \div 3$

❽ $\frac{8}{10} \div 3$

❾ $\frac{8}{17} \div 4$

❿ $\frac{6}{14} \div 4$

⓫ $\frac{24}{40} \div 4$

⓬ $\frac{10}{15} \div 4$

⓭ $\frac{15}{19} \div 5$

⓮ $\frac{6}{17} \div 6$

⓯ $\frac{12}{18} \div 6$

⓰ $\frac{18}{20} \div 6$

⓱ $\frac{8}{21} \div 8$

⓲ $\frac{16}{36} \div 8$

⓳ $\frac{24}{35} \div 8$

⓴ $\frac{18}{21} \div 9$

㉑ $\frac{13}{26} \div 10$

5 DAY

(분수)÷(자연수)를 분자의 나눗셈으로 계산하기

계산한 후 기약분수로 나타내어 보세요.

① $\frac{12}{10} \div 2$

② $\frac{14}{6} \div 2$

③ $\frac{8}{5} \div 2$

④ $\frac{21}{12} \div 2$

⑤ $\frac{12}{9} \div 3$

⑥ $\frac{33}{24} \div 3$

⑦ $\frac{18}{7} \div 3$

⑧ $\frac{21}{6} \div 3$

⑨ $\frac{27}{12} \div 3$

⑩ $\frac{20}{7} \div 4$

⑪ $\frac{18}{12} \div 4$

⑫ $\frac{16}{11} \div 4$

⑬ $\frac{15}{9} \div 4$

⑭ $\frac{12}{8} \div 5$

⑮ $\frac{15}{8} \div 5$

⑯ $\frac{25}{10} \div 5$

⑰ $\frac{12}{5} \div 6$

⑱ $\frac{20}{8} \div 6$

⑲ $\frac{16}{14} \div 6$

⑳ $\frac{36}{25} \div 6$

㉑ $\frac{28}{9} \div 7$

㉒ $\frac{12}{10} \div 8$

㉓ $\frac{24}{11} \div 8$

㉔ $\frac{32}{17} \div 8$

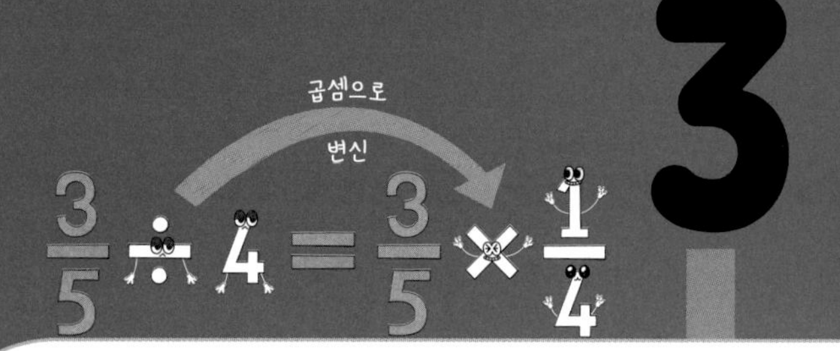

3

(진분수)÷(자연수), (가분수)÷(자연수)

학습목표 1. 분수의 곱셈으로 (진분수) ÷ (자연수)의 계산 익히기
2. 분수의 곱셈으로 (가분수) ÷ (자연수)의 계산 익히기

원리 깨치기

❶ (진분수) ÷ (자연수)를 분수의 곱셈으로 계산하는 방법
❷ (가분수) ÷ (자연수)를 분수의 곱셈으로 계산하는 방법

월 일

(분수)÷(자연수)를 분수의 곱셈으로 바꿔서 계산할 수 있을까? 이때 약분 과정에서 계산 실수를 하지 않는 것도 매우 중요해.
자! 그럼, (분수)÷(자연수)를 분수의 곱셈으로 나타내어 계산하는 방법을 공부해 보자.

연산력 키우기

DAY	맞은 개수 / 전체 문항
❶ DAY	
월 일	22
걸린 시간 분 초	24
❷ DAY	
월 일	22
걸린 시간 분 초	24
❸ DAY	
월 일	21
걸린 시간 분 초	24
❹ DAY	
월 일	21
걸린 시간 분 초	24
❺ DAY	
월 일	21
걸린 시간 분 초	24

원리 깨치기

❶ (진분수) ÷ (자연수)를 분수의 곱셈으로 계산하는 방법

[$\frac{3}{4} \div 2$를 분수의 곱셈으로 나타내어 계산하기]

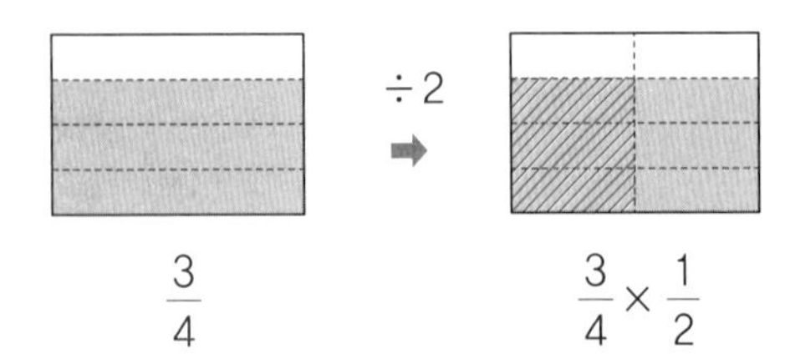

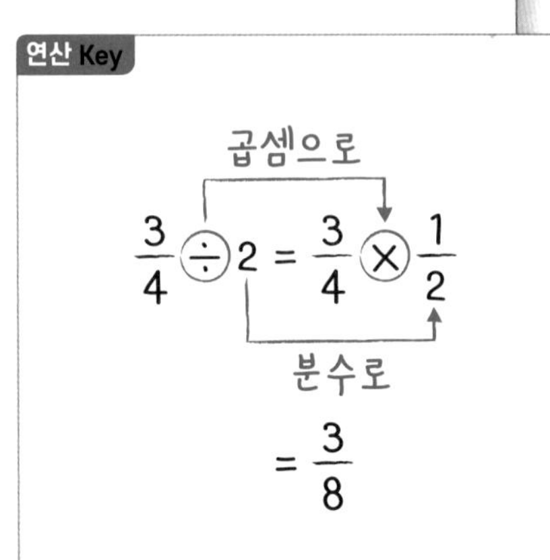

$\frac{3}{4} \div 2$의 몫은 $\frac{3}{4}$을 2등분한 것 중의 하나입니다.

이것은 $\frac{3}{4}$의 $\frac{1}{2}$이므로 $\frac{3}{4} \times \frac{1}{2}$입니다.

식으로 나타내면 $\frac{3}{4} \div 2 = \frac{3}{4} \times \frac{1}{2} = \frac{3}{8}$입니다.

❷ (가분수) ÷ (자연수)를 분수의 곱셈으로 계산하는 방법

[$\frac{5}{2} \div 3$을 분수의 곱셈으로 나타내어 계산하기]

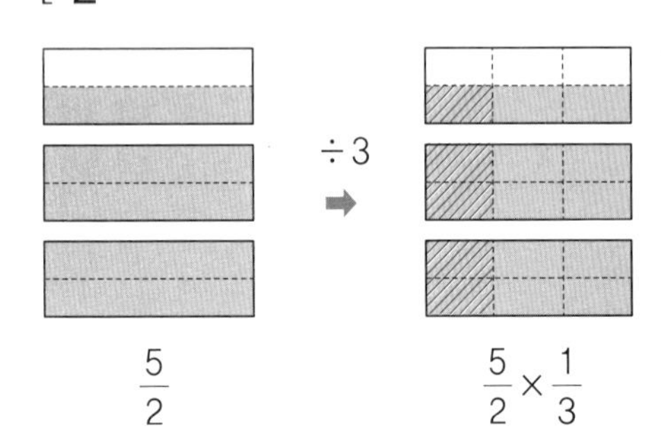

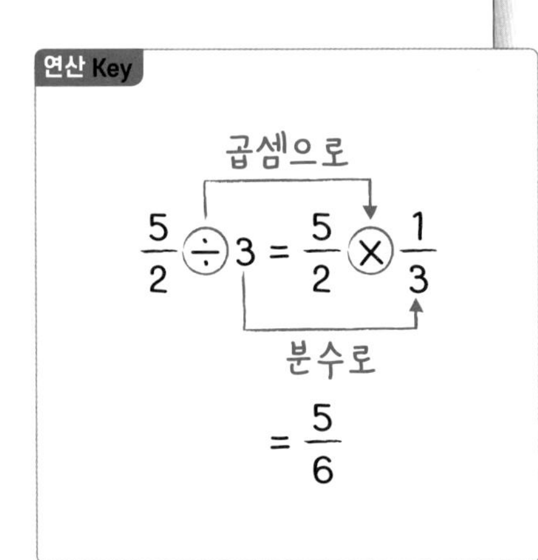

빗금친 부분은 $\frac{5}{2}$의 $\frac{1}{3}$이므로 $\frac{5}{2} \times \frac{1}{3}$입니다.

식으로 나타내면 $\frac{5}{2} \div 3 = \frac{5}{2} \times \frac{1}{3} = \frac{5}{6}$입니다.

$$(\text{분수}) \div (\text{자연수}) = (\text{분수}) \times \frac{1}{(\text{자연수})}$$

분수의 곱셈으로 바꾸기

연산력 키우기 **1** DAY

(진분수)÷(자연수)

(진분수)÷(자연수)를 분수의 곱셈으로 계산하려면 자연수를 $\frac{1}{(자연수)}$로 바꾸어 계산해요.

계산해 보세요.

연산 Key

곱셈으로

$\frac{3}{5} \div 2 = \frac{3}{5} \times \frac{1}{2} = \frac{3}{10}$

분수로

나누는 수 2를 $\frac{1}{2}$로 바꾸어 분수의 곱셈으로 계산해요.

❶ $\frac{3}{8} \div 2$

❷ $\frac{2}{3} \div 3$

❸ $\frac{3}{4} \div 4$

❹ $\frac{2}{5} \div 5$

❺ $\frac{2}{7} \div 5$

❻ $\frac{7}{9} \div 5$

❼ $\frac{5}{6} \div 6$

❽ $\frac{5}{7} \div 7$

❾ $\frac{5}{8} \div 7$

❿ $\frac{4}{9} \div 7$

⓫ $\frac{5}{6} \div 8$

⓬ $\frac{3}{4} \div 8$

⓭ $\frac{2}{3} \div 9$

⓮ $\frac{4}{5} \div 9$

⓯ $\frac{7}{8} \div 10$

⓰ $\frac{3}{5} \div 10$

⓱ $\frac{3}{7} \div 10$

⓲ $\frac{2}{9} \div 11$

⓳ $\frac{4}{7} \div 11$

⓴ $\frac{5}{8} \div 12$

㉑ $\frac{5}{7} \div 13$

㉒ $\frac{3}{5} \div 14$

1 DAY (진분수)÷(자연수)

계산해 보세요.

① $\frac{7}{11} \div 2$

② $\frac{11}{20} \div 2$

③ $\frac{27}{32} \div 2$

④ $\frac{13}{27} \div 2$

⑤ $\frac{8}{15} \div 3$

⑥ $\frac{5}{17} \div 3$

⑦ $\frac{17}{18} \div 3$

⑧ $\frac{10}{21} \div 3$

⑨ $\frac{14}{25} \div 3$

⑩ $\frac{9}{11} \div 4$

⑪ $\frac{15}{16} \div 4$

⑫ $\frac{13}{22} \div 4$

⑬ $\frac{5}{8} \div 4$

⑭ $\frac{9}{14} \div 5$

⑮ $\frac{16}{17} \div 5$

⑯ $\frac{7}{12} \div 6$

⑰ $\frac{13}{14} \div 6$

⑱ $\frac{3}{10} \div 7$

⑲ $\frac{8}{13} \div 7$

⑳ $\frac{8}{11} \div 7$

㉑ $\frac{3}{11} \div 8$

㉒ $\frac{11}{12} \div 8$

㉓ $\frac{7}{10} \div 9$

㉔ $\frac{10}{11} \div 9$

2 DAY (가분수)÷(자연수)(1)

(가분수)÷(자연수)의 계산도 (진분수)÷(자연수)의 계산 방법과 같아요.

계산해 보세요.

연산 Key

$$\frac{3}{2} \div 2 = \frac{3}{2} \times \frac{1}{2} = \frac{3}{4}$$

곱셈으로 / 분수로

나누는 수 2를 $\frac{1}{2}$로 바꾸어 분수의 곱셈으로 계산해요.

❶ $\frac{7}{4} \div 2$

❷ $\frac{17}{15} \div 2$

❸ $\frac{5}{3} \div 3$

❹ $\frac{22}{17} \div 3$

❺ $\frac{9}{4} \div 4$

❻ $\frac{25}{18} \div 4$

❼ $\frac{8}{5} \div 5$

❽ $\frac{11}{3} \div 5$

❾ $\frac{17}{10} \div 5$

❿ $\frac{27}{16} \div 5$

⓫ $\frac{7}{6} \div 6$

⓬ $\frac{13}{4} \div 6$

⓭ $\frac{19}{6} \div 6$

⓮ $\frac{9}{7} \div 7$

⓯ $\frac{20}{9} \div 7$

⓰ $\frac{15}{11} \div 7$

⓱ $\frac{24}{13} \div 7$

⓲ $\frac{17}{5} \div 8$

⓳ $\frac{27}{7} \div 8$

⓴ $\frac{25}{9} \div 8$

㉑ $\frac{21}{8} \div 8$

㉒ $\frac{14}{11} \div 9$

2 DAY

(가분수)÷(자연수)(1)

계산해 보세요.

① $\frac{31}{10} \div 2$

② $\frac{49}{17} \div 2$

③ $\frac{34}{5} \div 3$

④ $\frac{49}{9} \div 3$

⑤ $\frac{50}{11} \div 3$

⑥ $\frac{59}{16} \div 3$

⑦ $\frac{45}{8} \div 4$

⑧ $\frac{65}{12} \div 4$

⑨ $\frac{67}{15} \div 4$

⑩ $\frac{49}{6} \div 5$

⑪ $\frac{36}{7} \div 5$

⑫ $\frac{56}{9} \div 5$

⑬ $\frac{68}{13} \div 5$

⑭ $\frac{97}{14} \div 6$

⑮ $\frac{33}{4} \div 7$

⑯ $\frac{29}{3} \div 8$

⑰ $\frac{83}{6} \div 9$

⑱ $\frac{41}{4} \div 10$

⑲ $\frac{53}{3} \div 10$

⑳ $\frac{83}{7} \div 11$

㉑ $\frac{57}{4} \div 11$

㉒ $\frac{97}{8} \div 12$

㉓ $\frac{77}{5} \div 12$

㉔ $\frac{94}{7} \div 13$

연산력 키우기 3 DAY

(가분수)÷(자연수) (2)

분수의 곱셈으로 바꾸어 계산하고 약분해요.

계산한 후 기약분수로 나타내어 보세요.

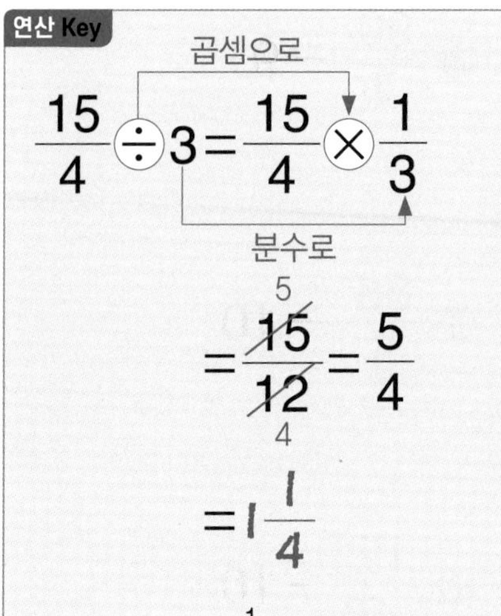

연산 Key
곱셈으로
$\frac{15}{4} \div 3 = \frac{15}{4} \times \frac{1}{3}$
분수로
$= \frac{\overset{5}{\cancel{15}}}{\underset{4}{\cancel{12}}} = \frac{5}{4}$
$= 1\frac{1}{4}$
나누는 수 3을 $\frac{1}{3}$로 바꾸어 분수의 곱셈으로 계산한 후 약분해요.

❶ $\frac{8}{5} \div 2$

❷ $\frac{9}{8} \div 3$

❸ $\frac{15}{11} \div 3$

❹ $\frac{21}{10} \div 3$

❺ $\frac{20}{9} \div 4$

❻ $\frac{15}{7} \div 5$

❼ $\frac{25}{8} \div 5$

❽ $\frac{28}{9} \div 7$

❾ $\frac{35}{12} \div 7$

❿ $\frac{24}{13} \div 8$

⓫ $\frac{27}{10} \div 9$

⓬ $\frac{18}{7} \div 9$

⓭ $\frac{40}{27} \div 10$

⓮ $\frac{77}{12} \div 11$

⓯ $\frac{60}{13} \div 12$

⓰ $\frac{52}{15} \div 13$

⓱ $\frac{70}{17} \div 14$

⓲ $\frac{42}{19} \div 14$

⓳ $\frac{45}{16} \div 15$

⓴ $\frac{75}{22} \div 15$

㉑ $\frac{80}{21} \div 16$

3 DAY

(가분수)÷(자연수)(2)

계산한 후 기약분수로 나타내어 보세요.

❶ $\frac{18}{7} \div 2$

❷ $\frac{52}{11} \div 2$

❸ $\frac{52}{15} \div 2$

❹ $\frac{27}{4} \div 3$

❺ $\frac{33}{7} \div 3$

❻ $\frac{39}{10} \div 3$

❼ $\frac{51}{13} \div 3$

❽ $\frac{28}{3} \div 4$

❾ $\frac{52}{9} \div 4$

❿ $\frac{35}{4} \div 5$

⓫ $\frac{65}{7} \div 5$

⓬ $\frac{96}{13} \div 6$

⓭ $\frac{63}{5} \div 7$

⓮ $\frac{70}{9} \div 7$

⓯ $\frac{54}{5} \div 9$

⓰ $\frac{80}{3} \div 10$

⓱ $\frac{90}{7} \div 10$

⓲ $\frac{88}{5} \div 11$

⓳ $\frac{121}{10} \div 11$

⓴ $\frac{156}{11} \div 12$

㉑ $\frac{132}{5} \div 12$

㉒ $\frac{91}{6} \div 13$

㉓ $\frac{143}{9} \div 13$

㉔ $\frac{136}{7} \div 17$

연산력 키우기 **4** DAY

(가분수)÷(자연수)(3)

분수의 곱셈으로 바꾸어 계산하고 약분해요.

계산한 후 기약분수로 나타내어 보세요.

연산 Key

곱셈으로

$\frac{4}{3} \div 8 = \frac{4}{3} \times \frac{1}{8}$

분수로

$= \frac{\overset{1}{\cancel{4}}}{\underset{6}{\cancel{24}}} = \frac{1}{6}$

나누는 수 8을 $\frac{1}{8}$로 바꾸어 분수의 곱셈으로 계산해요.

❶ $\frac{18}{7} \div 4$

❷ $\frac{6}{5} \div 4$

❸ $\frac{14}{9} \div 4$

❹ $\frac{10}{3} \div 4$

❺ $\frac{62}{7} \div 4$

❻ $\frac{4}{3} \div 6$

❼ $\frac{9}{7} \div 6$

❽ $\frac{16}{7} \div 6$

❾ $\frac{28}{5} \div 6$

❿ $\frac{45}{4} \div 6$

⓫ $\frac{14}{9} \div 8$

⓬ $\frac{6}{5} \div 8$

⓭ $\frac{36}{7} \div 8$

⓮ $\frac{44}{9} \div 8$

⓯ $\frac{52}{7} \div 8$

⓰ $\frac{48}{7} \div 9$

⓱ $\frac{42}{5} \div 9$

⓲ $\frac{5}{4} \div 10$

⓳ $\frac{75}{8} \div 10$

⓴ $\frac{22}{5} \div 12$

㉑ $\frac{7}{6} \div 14$

(가분수)÷(자연수)(3)

계산한 후 기약분수로 나타내어 보세요.

❶ $\frac{39}{10} \div 6$

❷ $\frac{75}{14} \div 6$

❸ $\frac{15}{11} \div 6$

❹ $\frac{40}{11} \div 6$

❺ $\frac{28}{15} \div 8$

❻ $\frac{38}{13} \div 8$

❼ $\frac{110}{9} \div 8$

❽ $\frac{39}{23} \div 9$

❾ $\frac{15}{14} \div 9$

❿ $\frac{26}{11} \div 10$

⓫ $\frac{34}{15} \div 10$

⓬ $\frac{25}{12} \div 10$

⓭ $\frac{45}{4} \div 10$

⓮ $\frac{32}{15} \div 12$

⓯ $\frac{40}{7} \div 12$

⓰ $\frac{77}{16} \div 14$

⓱ $\frac{49}{10} \div 14$

⓲ $\frac{91}{18} \div 14$

⓳ $\frac{105}{8} \div 14$

⓴ $\frac{78}{11} \div 15$

㉑ $\frac{110}{7} \div 15$

㉒ $\frac{108}{5} \div 15$

㉓ $\frac{72}{13} \div 16$

㉔ $\frac{63}{8} \div 18$

연산력 키우기 5 DAY

(진분수)÷(자연수), (가분수)÷(자연수)

여러 가지 (분수)÷(자연수)의 계산을 해요.

계산한 후 기약분수로 나타내어 보세요.

연산 Key

$\frac{4}{5} \div 3 = \frac{4}{5} \times \frac{1}{3} = \frac{4}{15}$

$\frac{14}{5} \div 7 = \frac{14}{5} \times \frac{1}{7} = \frac{\overset{2}{\cancel{14}}}{\underset{5}{\cancel{35}}} = \frac{2}{5}$

나누는 수를 분수로 바꾸어 분수의 곱셈으로 계산하고, 약분이 가능하면 약분해요.

❶ $\frac{3}{7} \div 2$

❷ $\frac{13}{24} \div 2$

❸ $\frac{1}{2} \div 3$

❹ $\frac{16}{21} \div 3$

❺ $\frac{14}{15} \div 3$

❻ $\frac{11}{13} \div 4$

❼ $\frac{4}{9} \div 5$

❽ $\frac{6}{13} \div 5$

❾ $\frac{4}{5} \div 6$

❿ $\frac{5}{6} \div 7$

⓫ $\frac{5}{3} \div 2$

⓬ $\frac{19}{11} \div 2$

⓭ $\frac{7}{2} \div 3$

⓮ $\frac{25}{8} \div 3$

⓯ $\frac{23}{10} \div 3$

⓰ $\frac{7}{5} \div 4$

⓱ $\frac{11}{6} \div 4$

⓲ $\frac{9}{2} \div 5$

⓳ $\frac{7}{11} \div 6$

⓴ $\frac{8}{5} \div 7$

㉑ $\frac{13}{4} \div 10$

5 DAY (진분수)÷(자연수), (가분수)÷(자연수)

계산한 후 기약분수로 나타내어 보세요.

❶ $\frac{9}{5} \div 3$

❷ $\frac{8}{7} \div 4$

❸ $\frac{16}{13} \div 4$

❹ $\frac{10}{9} \div 5$

❺ $\frac{20}{11} \div 5$

❻ $\frac{18}{5} \div 6$

❼ $\frac{21}{2} \div 7$

❽ $\frac{22}{7} \div 11$

❾ $\frac{36}{7} \div 12$

❿ $\frac{48}{11} \div 12$

⓫ $\frac{26}{5} \div 13$

⓬ $\frac{30}{19} \div 15$

⓭ $\frac{10}{7} \div 4$

⓮ $\frac{26}{9} \div 4$

⓯ $\frac{20}{3} \div 6$

⓰ $\frac{32}{7} \div 6$

⓱ $\frac{51}{5} \div 6$

⓲ $\frac{18}{13} \div 8$

⓳ $\frac{34}{5} \div 18$

⓴ $\frac{20}{11} \div 8$

㉑ $\frac{5}{2} \div 10$

㉒ $\frac{54}{5} \div 10$

㉓ $\frac{38}{11} \div 12$

㉔ $\frac{20}{11} \div 15$

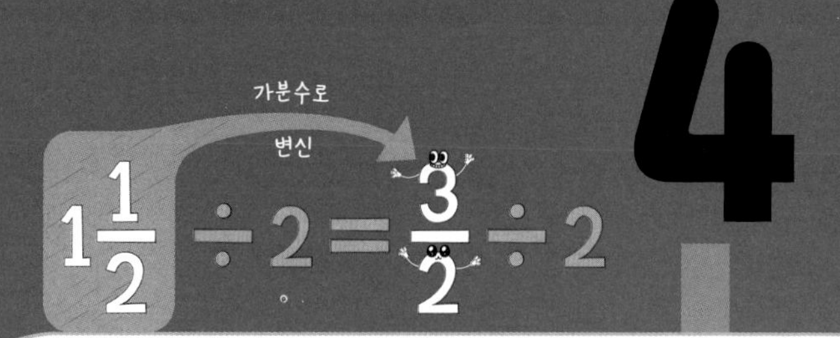

4

(대분수)÷(자연수)

학습목표 1. 분자가 자연수의 배수인 (대분수)÷(자연수)의 계산 익히기
2. 분수의 곱셈으로 (대분수)÷(자연수)의 계산 익히기

원리 깨치기

❶ 분자가 자연수의 배수인 (대분수)÷(자연수)
❷ 분자가 자연수의 배수가 아닌 (대분수)÷(자연수)

월 일

분자가 자연수의 배수인 (대분수)÷(자연수)를 어떻게 계산할 수 있을까? 또 분자가 자연수의 배수가 아닌 (대분수)÷(자연수)는 어떻게 계산할 수 있을까?
자! 그럼, (대분수)÷(자연수)를 공부해 보자.

연산력 키우기

	맞은 개수 / 전체 문항
❶ DAY	
월 일	22
걸린 시간 분 초	24
❷ DAY	
월 일	20
걸린 시간 분 초	24
❸ DAY	
월 일	22
걸린 시간 분 초	24
❹ DAY	
월 일	20
걸린 시간 분 초	24
❺ DAY	
월 일	20
걸린 시간 분 초	24

원리 깨치기

❶ 분자가 자연수의 배수인 (대분수) ÷ (자연수)

[$1\frac{1}{4} \div 5$ 계산하기]

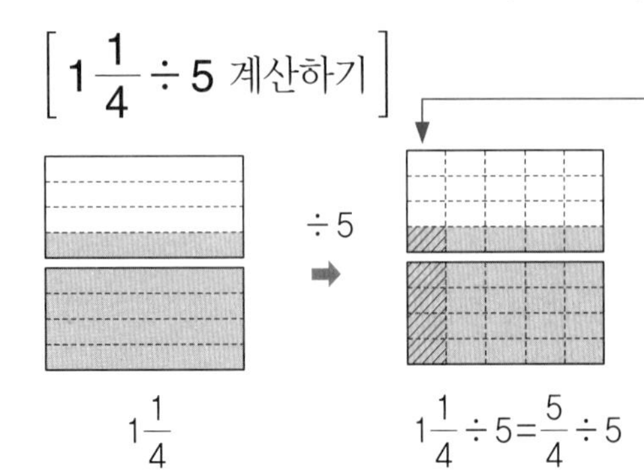

빗금친 부분은 $1\frac{1}{4} = \frac{5}{4}$를 5등분한 것 중의 하나입니다.

빗금친 부분은 $1\frac{1}{4} \div 5$의 몫입니다.

방법 1 대분수를 가분수로 나타낸 후 분자를 자연수로 나눕니다.

$$1\frac{1}{4} \div 5 = \frac{5}{4} \div 5 = \frac{5 \div 5}{4} = \frac{1}{4}$$

방법 2 대분수를 가분수로 바꾸고 나눗셈을 분수의 곱셈으로 나타내어 계산합니다.

$$1\frac{1}{4} \div 5 = \frac{5}{4} \times \frac{1}{5} = \frac{5}{20} = \frac{1}{4}$$

연산 Key

- 대분수를 가분수로 바꾸기
- 나눗셈을 분수의 곱셈으로 바꾸기
- 계산하기
- 약분 가능하면 약분하기

❷ 분자가 자연수의 배수가 아닌 (대분수) ÷ (자연수)

[$3\frac{1}{2} \div 3$ 계산하기]

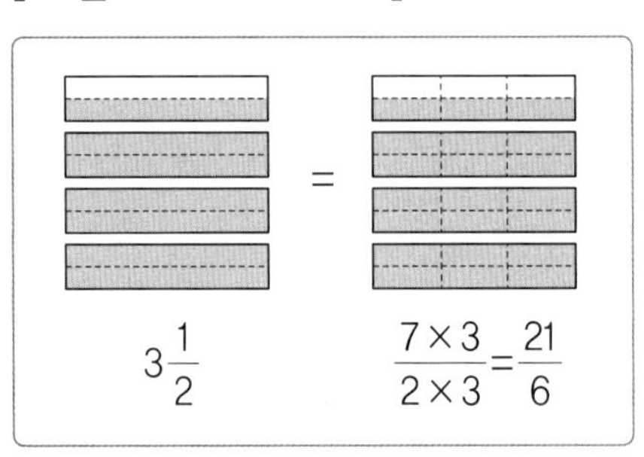

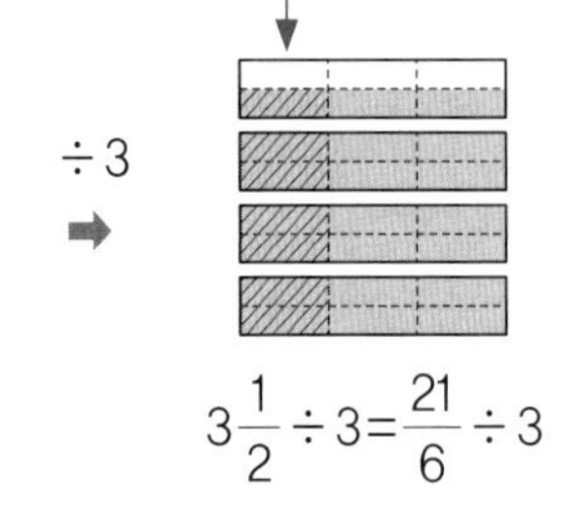

빗금친 부분은 $3\frac{1}{2} = \frac{21}{6}$을 3등분한 것 중의 하나입니다.

빗금친 부분은 $3\frac{1}{2} \div 3$의 몫입니다.

방법 1 대분수를 가분수로 나타낸 후 크기가 같은 분수 중 분자가 자연수의 배수인 분수로 바꾸어 계산합니다.

$$3\frac{1}{2} \div 3 = \frac{7}{2} \div 3 = \frac{21}{6} \div 3 = \frac{7}{6} = 1\frac{1}{6}$$

방법 2 대분수를 가분수로 바꾸고 나눗셈을 분수의 곱셈으로 나타내어 계산합니다.

$$3\frac{1}{2} \div 3 = \frac{7}{2} \times \frac{1}{3} = \frac{7}{6} = 1\frac{1}{6}$$

연산력 키우기 1 DAY

분자가 자연수의 배수인 (대분수)÷(자연수)

(대분수)÷(자연수)는 (가분수)÷(자연수)와 같은 방법으로 계산해요.

계산해 보세요.

연산 Key

$1\frac{3}{5}\div 4=\frac{8}{5}\div 4$

$=\frac{8\div 4}{5}=\frac{2}{5}$

(대분수)÷(자연수)는 대분수를 가분수로 바꾼 후 분수의 분자를 자연수로 나누어요.

❶ $1\frac{1}{3}\div 2$

❷ $1\frac{5}{7}\div 2$

❸ $1\frac{2}{7}\div 3$

❹ $2\frac{1}{4}\div 3$

❺ $2\frac{2}{5}\div 3$

❻ $3\frac{1}{9}\div 4$

❼ $1\frac{2}{3}\div 5$

❽ $1\frac{7}{8}\div 5$

❾ $4\frac{3}{8}\div 5$

❿ $3\frac{3}{5}\div 6$

⓫ $1\frac{3}{4}\div 7$

⓬ $4\frac{2}{3}\div 7$

⓭ $4\frac{4}{7}\div 8$

⓮ $6\frac{3}{4}\div 9$

⓯ $2\frac{6}{7}\div 10$

⓰ $6\frac{3}{5}\div 11$

⓱ $9\frac{3}{4}\div 13$

⓲ $6\frac{2}{9}\div 14$

⓳ $9\frac{3}{8}\div 15$

⓴ $9\frac{3}{5}\div 16$

㉑ $5\frac{2}{3}\div 17$

㉒ $7\frac{1}{5}\div 18$

1 DAY

분자가 자연수의 배수인 (대분수)÷(자연수)

계산해 보세요.

❶ $2\frac{7}{22} \div 3$

❷ $3\frac{9}{17} \div 4$

❸ $4\frac{9}{14} \div 5$

❹ $4\frac{8}{13} \div 6$

❺ $3\frac{1}{16} \div 7$

❻ $1\frac{17}{18} \div 7$

❼ $5\frac{13}{15} \div 8$

❽ $2\frac{7}{10} \div 9$

❾ $12\frac{6}{7} \div 10$

❿ $2\frac{2}{9} \div 10$

⓫ $1\frac{13}{27} \div 10$

⓬ $12\frac{5}{6} \div 11$

⓭ $2\frac{7}{13} \div 11$

⓮ $5\frac{11}{17} \div 12$

⓯ $16\frac{1}{4} \div 13$

⓰ $15\frac{5}{9} \div 14$

⓱ $2\frac{16}{27} \div 14$

⓲ $13\frac{1}{8} \div 15$

⓳ $5\frac{5}{14} \div 15$

⓴ $4\frac{11}{16} \div 15$

㉑ $19\frac{1}{5} \div 16$

㉒ $3\frac{1}{21} \div 16$

㉓ $22\frac{2}{3} \div 17$

㉔ $10\frac{4}{5} \div 18$

연산력 키우기 2 DAY

분자가 자연수의 배수가 아닌 (대분수)÷(자연수)(1)

가분수의 분자가 자연수의 배수인 크기가 같은 분수로 고쳐요.

계산해 보세요.

연산 Key

$1\frac{3}{4} \div 2 = \frac{7}{4} \div 2 = \frac{7 \times 2}{4 \times 2} \div 2$

$= \frac{14}{8} \div 2 = \frac{14 \div 2}{8} = \frac{7}{8}$

대분수를 가분수로 바꾼 후 가분수를 크기가 같은 분수 중에서 분자가 자연수의 배수인 분수로 바꾸어 계산해요.

❶ $2\frac{1}{4} \div 2$

❷ $3\frac{2}{3} \div 2$

❸ $2\frac{4}{5} \div 3$

❹ $4\frac{1}{4} \div 3$

❺ $4\frac{3}{5} \div 3$

❻ $3\frac{2}{5} \div 3$

❼ $3\frac{2}{3} \div 4$

❽ $3\frac{4}{5} \div 4$

❾ $3\frac{5}{8} \div 4$

❿ $4\frac{1}{3} \div 4$

⓫ $2\frac{2}{3} \div 5$

⓬ $3\frac{2}{5} \div 5$

⓭ $5\frac{4}{7} \div 5$

⓮ $4\frac{3}{5} \div 6$

⓯ $5\frac{2}{7} \div 6$

⓰ $8\frac{4}{5} \div 7$

⓱ $6\frac{5}{7} \div 8$

⓲ $4\frac{3}{8} \div 8$

⓳ $4\frac{3}{5} \div 9$

⓴ $5\frac{2}{3} \div 9$

2 DAY 분자가 자연수의 배수가 아닌 (대분수)÷(자연수)(1)

계산해 보세요.

❶ $8\frac{5}{7} \div 2$

❷ $2\frac{7}{10} \div 2$

❸ $2\frac{11}{13} \div 2$

❹ $4\frac{5}{12} \div 2$

❺ $3\frac{4}{7} \div 3$

❻ $8\frac{6}{7} \div 3$

❼ $3\frac{5}{8} \div 3$

❽ $3\frac{4}{9} \div 3$

❾ $1\frac{6}{11} \div 3$

❿ $5\frac{11}{15} \div 3$

⓫ $4\frac{5}{7} \div 4$

⓬ $7\frac{3}{10} \div 4$

⓭ $5\frac{8}{11} \div 5$

⓮ $1\frac{3}{16} \div 6$

⓯ $4\frac{11}{12} \div 6$

⓰ $7\frac{4}{5} \div 7$

⓱ $4\frac{5}{6} \div 10$

⓲ $10\frac{1}{3} \div 12$

⓳ $3\frac{5}{8} \div 12$

⓴ $2\frac{5}{7} \div 12$

㉑ $6\frac{1}{3} \div 14$

㉒ $4\frac{3}{5} \div 15$

㉓ $5\frac{3}{4} \div 15$

㉔ $3\frac{1}{2} \div 16$

연산력 키우기 3 DAY

분자가 자연수의 배수가 아닌 (대분수)÷(자연수) (2)

대분수를 가분수로 나타낸 후 분수의 곱셈으로 바꾸어 계산해요.

계산해 보세요.

연산 Key

$1\frac{1}{2} \div 2 = \frac{3}{2} \div 2$

$= \frac{3}{2} \times \frac{1}{2} = \frac{3}{4}$

대분수를 가분수로 나타낸 후 분수의 곱셈으로 바꾸어 계산해요.

❶ $1\frac{3}{8} \div 2$

❷ $1\frac{3}{10} \div 2$

❸ $2\frac{1}{2} \div 3$

❹ $1\frac{6}{7} \div 3$

❺ $2\frac{3}{4} \div 3$

❻ $3\frac{3}{4} \div 4$

❼ $2\frac{1}{15} \div 4$

❽ $1\frac{2}{11} \div 4$

❾ $4\frac{1}{9} \div 5$

❿ $2\frac{5}{8} \div 5$

⓫ $1\frac{3}{10} \div 5$

⓬ $4\frac{1}{7} \div 6$

⓭ $2\frac{3}{7} \div 6$

⓮ $5\frac{1}{5} \div 7$

⓯ $4\frac{5}{6} \div 7$

⓰ $1\frac{3}{7} \div 7$

⓱ $3\frac{5}{9} \div 7$

⓲ $1\frac{7}{13} \div 7$

⓳ $4\frac{1}{9} \div 8$

⓴ $6\frac{1}{3} \div 8$

㉑ $5\frac{2}{7} \div 8$

㉒ $6\frac{7}{9} \div 9$

3 DAY

분자가 자연수의 배수가 아닌 (대분수)÷(자연수)(2)

계산해 보세요.

❶ $4\frac{3}{7} \div 2$

❷ $3\frac{2}{3} \div 2$

❸ $3\frac{3}{10} \div 2$

❹ $6\frac{1}{12} \div 2$

❺ $3\frac{5}{12} \div 2$

❻ $6\frac{1}{4} \div 3$

❼ $4\frac{3}{7} \div 3$

❽ $9\frac{7}{9} \div 3$

❾ $8\frac{1}{2} \div 3$

❿ $2\frac{5}{21} \div 4$

⓫ $5\frac{1}{2} \div 4$

⓬ $4\frac{7}{8} \div 4$

⓭ $5\frac{1}{4} \div 5$

⓮ $6\frac{4}{9} \div 5$

⓯ $1\frac{5}{13} \div 5$

⓰ $8\frac{1}{2} \div 6$

⓱ $7\frac{1}{4} \div 6$

⓲ $13\frac{2}{3} \div 6$

⓳ $8\frac{1}{10} \div 7$

⓴ $8\frac{9}{10} \div 8$

㉑ $11\frac{3}{4} \div 9$

㉒ $5\frac{2}{3} \div 10$

㉓ $5\frac{5}{8} \div 11$

㉔ $13\frac{1}{4} \div 12$

연산력 키우기 **4** DAY

약분이 가능한 (대분수)÷(자연수)

대분수를 가분수로 나타내고 분수의 곱셈으로 바꾸어 계산한 후 약분해요.

계산한 후 기약분수로 나타내어 보세요.

연산 Key

$$2\frac{1}{4} \div 3 = \frac{9}{4} \div 3 = \frac{9}{4} \times \frac{1}{3}$$

$$= \frac{\overset{3}{\cancel{9}}}{\underset{4}{\cancel{12}}} = \frac{3}{4}$$

대분수를 가분수로 나타내고 분수의 곱셈으로 바꾸어 계산한 후 약분해요.

⓭ $1\frac{1}{11} \div 4$

⓮ $1\frac{5}{13} \div 4$

❶ $2\frac{1}{2} \div 5$

❷ $6\frac{2}{3} \div 8$

❸ $3\frac{1}{5} \div 4$

❹ $4\frac{2}{7} \div 6$

❺ $5\frac{3}{7} \div 8$

❻ $1\frac{3}{7} \div 2$

❼ $2\frac{5}{8} \div 3$

❽ $1\frac{1}{5} \div 2$

❾ $4\frac{2}{9} \div 10$

❿ $3\frac{8}{9} \div 7$

⓫ $3\frac{3}{4} \div 5$

⓬ $3\frac{3}{10} \div 6$

⓯ $1\frac{5}{13} \div 8$

⓰ $2\frac{2}{21} \div 8$

⓱ $5\frac{5}{8} \div 6$

⓲ $4\frac{1}{5} \div 7$

⓳ $1\frac{13}{14} \div 6$

⓴ $6\frac{1}{4} \div 10$

약분이 가능한 (대분수)÷(자연수)

계산한 후 기약분수로 나타내어 보세요.

① $8\frac{2}{3} \div 2$

② $4\frac{2}{5} \div 2$

③ $6\frac{4}{5} \div 2$

④ $4\frac{4}{7} \div 2$

⑤ $3\frac{3}{4} \div 3$

⑥ $4\frac{2}{7} \div 3$

⑦ $4\frac{1}{8} \div 3$

⑧ $5\frac{1}{5} \div 4$

⑨ $8\frac{2}{5} \div 4$

⑩ $7\frac{1}{2} \div 5$

⑪ $8\frac{5}{8} \div 6$

⑫ $9\frac{1}{9} \div 6$

⑬ $13\frac{4}{5} \div 6$

⑭ $10\frac{2}{7} \div 9$

⑮ $8\frac{1}{8} \div 10$

⑯ $6\frac{4}{9} \div 10$

⑰ $4\frac{4}{9} \div 12$

⑱ $7\frac{5}{7} \div 12$

⑲ $8\frac{2}{3} \div 14$

⑳ $7\frac{3}{7} \div 14$

㉑ $6\frac{3}{4} \div 15$

㉒ $4\frac{1}{6} \div 15$

㉓ $7\frac{3}{5} \div 16$

㉔ $6\frac{9}{10} \div 21$

연산력 키우기 5 DAY

(대분수)÷(자연수)

앞에서 배운 나눗셈의 방법대로 계산해 봐요.

계산한 후 기약분수로 나타내어 보세요.

연산 Key

$1\frac{2}{3} \div 2 = \frac{5}{3} \div 2 = \frac{10}{6} \div 2 = \frac{10 \div 2}{6} = \frac{5}{6}$

$1\frac{2}{3} \div 2 = \frac{5}{3} \times \frac{1}{2} = \frac{5}{6}$

대분수를 가분수로 나타낸 후 분자를 자연수로 나누거나
분수의 곱셈으로 나타내어 계산해요.

❶ $2\frac{4}{9} \div 2$

❷ $3\frac{1}{9} \div 2$

❸ $1\frac{5}{6} \div 2$

❹ $2\frac{4}{13} \div 3$

❺ $10\frac{1}{2} \div 3$

❻ $3\frac{5}{8} \div 3$

❼ $4\frac{7}{9} \div 3$

❽ $8\frac{4}{5} \div 4$

❾ $3\frac{1}{3} \div 4$

❿ $2\frac{3}{8} \div 4$

⓫ $4\frac{3}{7} \div 4$

⓬ $5\frac{5}{12} \div 5$

⓭ $3\frac{3}{5} \div 5$

⓮ $3\frac{1}{2} \div 5$

⓯ $5\frac{7}{9} \div 5$

⓰ $4\frac{10}{11} \div 6$

⓱ $5\frac{5}{6} \div 7$

⓲ $1\frac{13}{15} \div 7$

⓳ $1\frac{3}{5} \div 8$

⓴ $2\frac{4}{7} \div 9$

5 DAY (대분수)÷(자연수)

 계산한 후 기약분수로 나타내어 보세요.

❶ $2\frac{1}{2} \div 2$

❷ $4\frac{4}{5} \div 3$

❸ $3\frac{5}{6} \div 3$

❹ $1\frac{8}{9} \div 4$

❺ $1\frac{1}{2} \div 4$

❻ $4\frac{2}{5} \div 4$

❼ $2\frac{1}{7} \div 5$

❽ $4\frac{2}{3} \div 5$

❾ $2\frac{4}{7} \div 6$

❿ $3\frac{3}{4} \div 6$

⓫ $7\frac{1}{3} \div 6$

⓬ $6\frac{4}{5} \div 6$

⓭ $3\frac{11}{12} \div 7$

⓮ $9\frac{1}{2} \div 3$

⓯ $1\frac{1}{3} \div 8$

⓰ $3\frac{7}{9} \div 8$

⓱ $10\frac{1}{2} \div 9$

⓲ $4\frac{1}{6} \div 10$

⓳ $2\frac{3}{4} \div 11$

⓴ $7\frac{3}{5} \div 12$

㉑ $4\frac{4}{7} \div 12$

㉒ $10\frac{1}{2} \div 14$

㉓ $3\frac{1}{3} \div 14$

㉔ $4\frac{4}{9} \div 15$

5

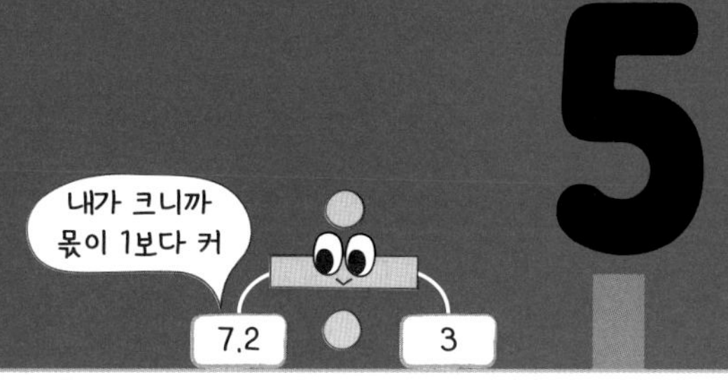

(소수)÷(자연수)(1)

학습목표
1. 자연수의 나눗셈을 이용한 (소수)÷(자연수)의 계산 익히기
2. 몫이 소수 한 자리 수인 (소수)÷(자연수)의 계산 익히기
3. 몫이 소수 두 자리 수인 (소수)÷(자연수)의 계산 익히기

원리 깨치기

❶ 자연수의 나눗셈을 이용한 (소수)÷(자연수)
❷ 몫이 소수 한 자리 수인 (소수)÷(자연수)
❸ 몫이 소수 두 자리 수인 (소수)÷(자연수)

월 일

우리는 (자연수)÷(자연수), (분수)÷(자연수)를 공부했어.
이번에는 (소수)÷(자연수)의 계산을 공부할 거야.
나누어지는 수가 소수일 때 어떻게 계산할 수 있을까? 자연수의 나눗셈을 기억하며 잘 알아보면 돼.
자! 그럼, (소수)÷(자연수)를 공부해 보자.

연산력 키우기

DAY		맞은 개수 / 전체 문항
❶ DAY	월 일	16
걸린 시간	분 초	21
❷ DAY	월 일	16
걸린 시간	분 초	21
❸ DAY	월 일	16
걸린 시간	분 초	18
❹ DAY	월 일	14
걸린 시간	분 초	18
❺ DAY	월 일	12
걸린 시간	분 초	18

원리 깨치기

❶ 자연수의 나눗셈을 이용한 (소수) ÷ (자연수)

$544 \div 4 = 136$

$\frac{1}{10}$배 → $54.4 \div 4 = 13.6$ ← $\frac{1}{10}$배

$\frac{1}{100}$배 → $5.44 \div 4 = 1.36$ ← $\frac{1}{100}$배

나누는 수가 같고 나누어지는 수가 $\frac{1}{10}$배, $\frac{1}{100}$배가 되면 몫도 $\frac{1}{10}$배, $\frac{1}{100}$배가 됩니다.

❷ 몫이 소수 한 자리 수인 (소수) ÷ (자연수)

[7.2 ÷ 3의 계산]

	2	4
3)	7	2
	6	
	1	2
	1	2
		0

자연수의 나눗셈과 같은 방법으로 나눗셈을 합니다.

➡

	2.	4
3)	7.	2
	6	
	1	2
	1	2
		0

나누어지는 수의 소수점의 위치에 맞춰 결괏값에 소수점을 올려 찍습니다.

❸ 몫이 소수 두 자리 수인 (소수) ÷ (자연수)

[6.28 ÷ 4의 계산]

	1	5	7
4)	6	2	8
	4		
	2	2	
	2	0	
		2	8
		2	8
			0

자연수의 나눗셈과 같은 방법으로 나눗셈을 합니다.

➡

	1.	5	7
4)	6.	2	8
	4		
	2	2	
	2	0	
		2	8
		2	8
			0

나누어지는 수의 소수점의 위치에 맞춰 결괏값에 소수점을 올려 찍습니다.

연산 Key

몫의 소수점은 나누어지는 수의 소수점의 위치에 맞추어 찍어요.

연산력 키우기 1 DAY

자연수의 나눗셈을 이용한 (소수)÷(자연수)(1)

나누어지는 수가 $\frac{1}{10}$배가 되었어요.

자연수의 나눗셈을 이용하여 소수의 나눗셈을 계산해 보세요.

연산 Key

$\frac{1}{10}$배 (78 ÷ 3 = 26) $\frac{1}{10}$배

→ 7.8 ÷ 3 = 2.6

나누는 수가 같고 나누어지는 수가 $\frac{1}{10}$배가 되면 몫도 $\frac{1}{10}$배가 되어요.

⑪ $78 \div 3 = 26$

$7.8 \div 3 = \square$

① $63 \div 3 = 21$

$6.3 \div 3 = \square$

⑥ $84 \div 7 = 12$

$8.4 \div 7 = \square$

⑫ $58 \div 2 = 29$

$5.8 \div 2 = \square$

② $88 \div 4 = 22$

$8.8 \div 4 = \square$

⑦ $42 \div 3 = 14$

$4.2 \div 3 = \square$

⑬ $54 \div 3 = 18$

$5.4 \div 3 = \square$

③ $64 \div 2 = 32$

$6.4 \div 2 = \square$

⑧ $96 \div 4 = 24$

$9.6 \div 4 = \square$

⑭ $72 \div 4 = 18$

$7.2 \div 4 = \square$

④ $75 \div 5 = 15$

$7.5 \div 5 = \square$

⑨ $48 \div 3 = 16$

$4.8 \div 3 = \square$

⑮ $95 \div 5 = 19$

$9.5 \div 5 = \square$

⑤ $92 \div 4 = 23$

$9.2 \div 4 = \square$

⑩ $85 \div 5 = 17$

$8.5 \div 5 = \square$

⑯ $78 \div 6 = 13$

$7.8 \div 6 = \square$

1 DAY

자연수의 나눗셈을 이용한 (소수)÷(자연수)(1)

계산해 보세요.

❶ $102 \div 3 = 34$

$10.2 \div 3 =$ ☐

❷ $168 \div 6 = 28$

$16.8 \div 6 =$ ☐

❸ $172 \div 4 = 43$

$17.2 \div 4 =$ ☐

❹ $336 \div 6 = 56$

$33.6 \div 6 =$ ☐

❺ $315 \div 5 = 63$

$31.5 \div 5 =$ ☐

❻ $152 \div 4 = 38$

$15.2 \div 4 =$ ☐

❼ $252 \div 7 = 36$

$25.2 \div 7 =$ ☐

❽ $486 \div 9 = 54$

$48.6 \div 9 =$ ☐

❾ $165 \div 5 = 33$

$16.5 \div 5 =$ ☐

❿ $168 \div 4 = 42$

$16.8 \div 4 =$ ☐

⓫ $342 \div 6 = 57$

$34.2 \div 6 =$ ☐

⓬ $252 \div 9 = 28$

$25.2 \div 9 =$ ☐

⓭ $343 \div 7 = 49$

$34.3 \div 7 =$ ☐

⓮ $488 \div 4 = 122$

$48.8 \div 4 =$ ☐

⓯ $684 \div 2 = 342$

$68.4 \div 2 =$ ☐

⓰ $936 \div 3 = 312$

$93.6 \div 3 =$ ☐

⓱ $544 \div 4 = 136$

$54.4 \div 4 =$ ☐

⓲ $966 \div 7 = 138$

$96.6 \div 7 =$ ☐

⓳ $695 \div 5 = 139$

$69.5 \div 5 =$ ☐

⓴ $738 \div 3 = 246$

$73.8 \div 3 =$ ☐

㉑ $508 \div 4 = 127$

$50.8 \div 4 =$ ☐

연산력 키우기 2 DAY

자연수의 나눗셈을 이용한 (소수)÷(자연수)(2)

나누어지는 수가 $\frac{1}{100}$배가 되었어요.

자연수의 나눗셈을 이용하여 소수의 나눗셈을 계산해 보세요.

연산 Key

$548 \div 4 = 137$

$\frac{1}{100}$배 ↓ ↓ $\frac{1}{100}$배

$5.48 \div 4 = 1.37$

나누는 수가 같고 나누어지는 수가 $\frac{1}{100}$배가 되면 몫도 $\frac{1}{100}$배가 되어요.

⑪ $936 \div 3 = 312$

$9.36 \div 3 =$ ☐

① $264 \div 2 = 132$

$2.64 \div 2 =$ ☐

⑥ $639 \div 3 = 213$

$6.39 \div 3 =$ ☐

⑫ $682 \div 2 = 341$

$6.82 \div 2 =$ ☐

② $369 \div 3 = 123$

$3.69 \div 3 =$ ☐

⑦ $284 \div 2 = 142$

$2.84 \div 2 =$ ☐

⑬ $844 \div 4 = 211$

$8.44 \div 4 =$ ☐

③ $424 \div 2 = 212$

$4.24 \div 2 =$ ☐

⑧ $399 \div 3 = 133$

$3.99 \div 3 =$ ☐

⑭ $826 \div 2 = 413$

$8.26 \div 2 =$ ☐

④ $484 \div 4 = 121$

$4.84 \div 4 =$ ☐

⑨ $488 \div 4 = 122$

$4.88 \div 4 =$ ☐

⑮ $969 \div 3 = 323$

$9.69 \div 3 =$ ☐

⑤ $505 \div 5 = 101$

$5.05 \div 5 =$ ☐

⑩ $608 \div 2 = 304$

$6.08 \div 2 =$ ☐

⑯ $804 \div 4 = 201$

$8.04 \div 4 =$ ☐

2 DAY 자연수의 나눗셈을 이용한 (소수)÷(자연수)(2)

계산해 보세요.

❶ $462 \div 3 = 154$

$4.62 \div 3 = \square$

❷ $336 \div 2 = 168$

$3.36 \div 2 = \square$

❸ $585 \div 3 = 195$

$5.85 \div 3 = \square$

❹ $648 \div 4 = 162$

$6.48 \div 4 = \square$

❺ $554 \div 2 = 277$

$5.54 \div 2 = \square$

❻ $678 \div 3 = 226$

$6.78 \div 3 = \square$

❼ $748 \div 4 = 187$

$7.48 \div 4 = \square$

❽ $651 \div 3 = 217$

$6.51 \div 3 = \square$

❾ $516 \div 2 = 258$

$5.16 \div 2 = \square$

❿ $776 \div 4 = 194$

$7.76 \div 4 = \square$

⓫ $636 \div 2 = 318$

$6.36 \div 2 = \square$

⓬ $579 \div 3 = 193$

$5.79 \div 3 = \square$

⓭ $987 \div 3 = 329$

$9.87 \div 3 = \square$

⓮ $736 \div 4 = 184$

$7.36 \div 4 = \square$

⓯ $672 \div 2 = 336$

$6.72 \div 2 = \square$

⓰ $954 \div 6 = 159$

$9.54 \div 6 = \square$

⓱ $735 \div 5 = 147$

$7.35 \div 5 = \square$

⓲ $586 \div 2 = 293$

$5.86 \div 2 = \square$

⓳ $801 \div 3 = 267$

$8.01 \div 3 = \square$

⓴ $875 \div 5 = 175$

$8.75 \div 5 = \square$

㉑ $951 \div 3 = 317$

$9.51 \div 3 = \square$

몫이 소수 한 자리 수인 (소수)÷(자연수)

자연수의 나눗셈과 같은 방법으로 계산해 봐요.

계산해 보세요.

연산 Key

	1	4
6)	8	4
	6	
	2	4
	2	4
		0

➡

	1.	4
6)	8.	4
	6	
	2	4
	2	4
		0

나누어지는 수의 소수점의 위치에 맞춰 결괏값에 소수점을 올려 찍어요.

❶ $4.6 \div 2$ (2)4.6)

❷ 3)3.9

❸ 4)4.8

❹ 3)6.3

❺ 5)7.5

❻ 2)5.4

❼ 2)6.8

❽ 4)7.2

❾ 4)13.6

❿ 6)14.4

⓫ 9)11.7

⓬ 7)17.5

⓭ 4)45.6

⓮ 3)65.1

⓯ 6)76.8

⓰ 4)94.8

3 DAY

몫이 소수 한 자리 수인 (소수)÷(자연수)

계산해 보세요.

❶ $6.9 \div 3$

❷ $8.4 \div 4$

❸ $7.8 \div 2$

❹ $8.5 \div 5$

❺ $7.8 \div 3$

❻ $9.6 \div 4$

❼ $5.1 \div 3$

❽ $7.4 \div 2$

❾ $8.4 \div 3$

❿ $22.5 \div 5$

⓫ $15.2 \div 8$

⓬ $14.4 \div 3$

⓭ $28.2 \div 6$

⓮ $44.8 \div 7$

⓯ $59.2 \div 4$

⓰ $77.7 \div 3$

⓱ $96.5 \div 5$

⓲ $97.8 \div 6$

몫이 소수 두 자리 수인 (소수)÷(자연수)(1)

나누어지는 수가 소수 두 자리 수예요.

계산해 보세요.

연산 Key

	2	3	8
4)	9	5	2
	8		
	1	5	
	1	2	
		3	2
		3	2
			0

➡

	2.	3	8
4)	9.	5	2
	8		
	1	5	
	1	2	
		3	2
		3	2
			0

나누어지는 수의 소수점의 위치에 맞춰 결괏값에 소수점을 올려 찍어요.

❶ 2)4.2 6

❷ 3)3.6 9

❸ 4)4.8 8

❹ 5)7.8 5

❺ 3)7.2 9

❻ 2)6.9 2

❼ 4)5.1 6

❽ 3)6.4 5

❾ 7)8.9 6

❿ 6)8.8 2

⓫ 2)4.3 6

⓬ 3)5.0 4

⓭ 5)9.6 5

⓮ 4)8.6 4

4 DAY 몫이 소수 두 자리 수인 (소수)÷(자연수)(1)

계산해 보세요.

❶ $6.24 \div 2$

❷ $3.96 \div 3$

❸ $8.48 \div 4$

❹ $4.86 \div 2$

❺ $4.84 \div 4$

❻ $9.96 \div 3$

❼ $6.32 \div 4$

❽ $7.56 \div 3$

❾ $8.75 \div 5$

❿ $5.58 \div 3$

⓫ $8.68 \div 4$

⓬ $6.58 \div 2$

⓭ $9.45 \div 7$

⓮ $8.01 \div 3$

⓯ $7.48 \div 4$

⓰ $6.36 \div 2$

⓱ $9.04 \div 4$

⓲ $9.75 \div 5$

연산력 키우기 5 DAY

몫이 소수 두 자리 수인 (소수)÷(자연수)(2)

십의 자리부터 차례로 계산해요.

계산해 보세요.

연산 Key

	1	2	5	8
3)	3	7	7	4
	3			
		7		
		6		
		1	7	
		1	5	
			2	4
			2	4
				0

➡

	1	2.	5	8
3)	3	7.	7	4
	3			
		7		
		6		
		1	7	
		1	5	
			2	4
			2	4
				0

나누어지는 수의 소수점의 위치에 맞춰 결괏값에 소수점을 올려 찍어요.

❼ 5)98.65

❽ 6)44.88

❾ 7)48.51

❶ 2)44.28

❹ 2)47.38

❿ 6)31.62

❷ 4)84.48

❺ 4)63.44

⓫ 9)43.02

❸ 3)52.92

❻ 3)69.54

⓬ 8)63.68

5 DAY

몫이 소수 두 자리 수인 (소수)÷(자연수) (2)

계산해 보세요.

❶ $39.96 \div 3$

❷ $84.26 \div 2$

❸ $48.96 \div 4$

❹ $64.78 \div 2$

❺ $40.77 \div 3$

❻ $66.34 \div 2$

❼ $73.48 \div 4$

❽ $49.14 \div 2$

❾ $89.65 \div 5$

❿ $93.84 \div 3$

⓫ $85.47 \div 3$

⓬ $93.92 \div 4$

⓭ $44.16 \div 6$

⓮ $59.71 \div 7$

⓯ $39.95 \div 5$

⓰ $52.56 \div 8$

⓱ $68.88 \div 7$

⓲ $74.61 \div 9$

6

(소수)÷(자연수)(2)

학습목표 1. 몫이 1보다 작은 소수 한 자리 수인 (소수)÷(자연수)의 계산 익히기
2. 몫이 1보다 작은 소수 두 자리 수인 (소수)÷(자연수)의 계산 익히기

원리 깨치기

❶ 몫이 1보다 작은 소수 한 자리 수인 (소수)÷(자연수)

❷ 몫이 1보다 작은 소수 두 자리 수인 (소수)÷(자연수)

월 일

연산력 키우기

		맞은 개수 / 전체 문항
❶ DAY	월 일	16
걸린 시간	분 초	18
❷ DAY	월 일	16
걸린 시간	분 초	18
❸ DAY	월 일	14
걸린 시간	분 초	18
❹ DAY	월 일	14
걸린 시간	분 초	18
❺ DAY	월 일	14
걸린 시간	분 초	18

4.2÷6, 3.36÷8을 계산하면 몫이 어떻게 될까?
앞 차시에 몫이 소수 한 자리 수, 소수 두 자리 수인 (소수)÷(자연수)의 계산을 공부했어.
이번에는 나누어지는 수가 나누는 수보다 작은 (소수)÷(자연수)의 계산을 공부할 거야.
소수가 자연수보다 작을 때 어떻게 계산해야 하는지 살펴보아야 해.
자! 그럼, 몫이 1보다 작은 (소수)÷(자연수)를 공부해 보자.

원리 깨치기

❶ 몫이 1보다 작은 소수 한 자리 수인 (소수) ÷ (자연수)

[4.2 ÷ 6의 계산]

		7
6	)4	2
	4	2
		0

➡

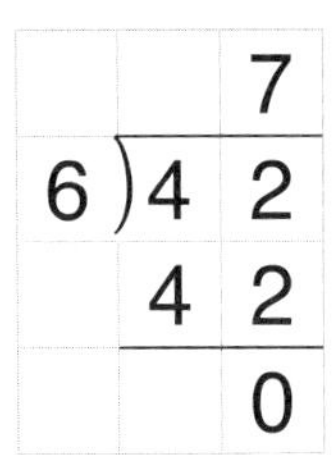

	0	.7
6	)4	.2
	4	2
		0

자연수의 나눗셈과 같은 방법으로 나눗셈을 합니다.

나누어지는 수의 소수점을 올려 찍고, 자연수 부분이 비어 있을 경우 일의 자리에 0을 씁니다.

나누어지는 수가 나누는 수보다 작으면 몫은 1보다 작습니다.

연산 Key

나누어지는 수가 나누는 수보다 작아요.

■.▲ < ●

↓

■.▲ ÷ ● = 0.★

몫이 1보다 작아요.

❷ 몫이 1보다 작은 소수 두 자리 수인 (소수) ÷ (자연수)

[3.36 ÷ 8의 계산]

방법 1 분수의 나눗셈으로 바꾸어 계산하기

$$3.36 \div 8 = \frac{336}{100} \div 8 = \frac{336 \div 8}{100} = \frac{42}{100} = 0.42$$

방법 2 자연수의 나눗셈을 이용하여 계산하기

가로로 계산하기

$\frac{1}{100}$배

336 ÷ 8 = 42 → 3.36 ÷ 8 = 0.42

$\frac{1}{100}$배

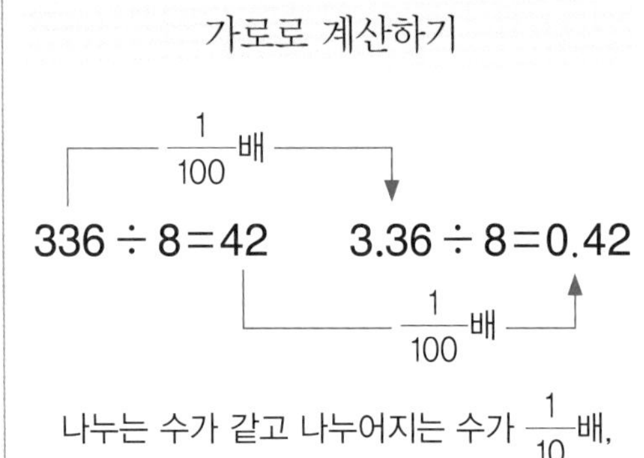

나누는 수가 같고 나누어지는 수가 $\frac{1}{10}$배, $\frac{1}{100}$배가 되면 몫도 $\frac{1}{10}$배, $\frac{1}{100}$배가 됩니다.

세로로 계산하기

몫이 1보다 작습니다.

		4	2
8	)3	3	6
	3	2	
		1	6
		1	6
			0

➡

	0	.4	2
8	)3	.3	6
	3	2	
		1	6
		1	6
			0

• 세로로 계산하고 소수점을 올려 찍습니다.
• 자연수 부분에 0을 씁니다.

(소수) ÷ (자연수) ➡ (소수) < (자연수) → (몫) < 1 / 몫의 자연수 부분은 0

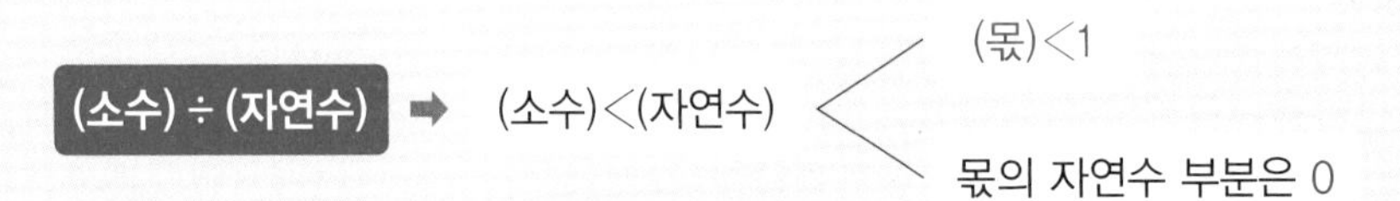

연산력 키우기 1 DAY

몫이 1보다 작은 소수인 (소수)÷(자연수)(1)

몫의 자연수 부분에 0을 써요.

계산해 보세요.

연산 Key

		4
3)	1	2
	1	2
		0

➡

	0.	4
3)	1.	2
	1	2
		0

몫의 소수점은 나누어지는 수의 소수점을 올려 찍고, 자연수 부분이 비어 있을 경우 일의 자리에 0을 써요.

⑤ $7\overline{)2.8}$

⑪ $8\overline{)5.6}$

⑥ $4\overline{)2.4}$

⑫ $9\overline{)3.6}$

① $2\overline{)0.4}$

⑦ $6\overline{)1.8}$

⑬ $9\overline{)4.5}$

② $4\overline{)0.8}$

⑧ $7\overline{)4.2}$

⑭ $5\overline{)3.5}$

③ $3\overline{)0.9}$

⑨ $6\overline{)1.2}$

⑮ $9\overline{)2.7}$

④ $2\overline{)0.8}$

⑩ $4\overline{)3.6}$

⑯ $8\overline{)6.4}$

1 DAY

몫이 1보다 작은 소수인 (소수)÷(자연수)(1)

계산해 보세요.

❶ $0.6 \div 2$

❷ $1.4 \div 7$

❸ $2.5 \div 5$

❹ $2.4 \div 6$

❺ $2.1 \div 3$

❻ $2.7 \div 3$

❼ $2.8 \div 4$

❽ $1.6 \div 4$

❾ $4.5 \div 5$

❿ $3.2 \div 4$

⓫ $3.5 \div 7$

⓬ $3.6 \div 6$

⓭ $4.8 \div 6$

⓮ $5.4 \div 9$

⓯ $5.6 \div 7$

⓰ $7.2 \div 9$

⓱ $4.9 \div 7$

⓲ $8.1 \div 9$

몫이 1보다 작은 소수인 (소수)÷(자연수)(2)

나누어지는 수가 나누는 수보다 작은 수예요.

계산해 보세요.

연산 Key

몫의 소수점은 나누어지는 수의 소수점을 올려 찍고, 자연수 부분에 0을 써요.

$$\begin{array}{r} 6 \\ 24\overline{)144} \\ 144 \\ \hline 0 \end{array} \Rightarrow \begin{array}{r} 0.6 \\ 24\overline{)14.4} \\ 144 \\ \hline 0 \end{array}$$

⑪ $46\overline{)41.4}$

① $67\overline{)13.4}$

⑥ $29\overline{)11.6}$

⑫ $55\overline{)38.5}$

② $49\overline{)14.7}$

⑦ $34\overline{)27.2}$

⑬ $74\overline{)29.6}$

③ $23\overline{)11.5}$

⑧ $43\overline{)21.5}$

⑭ $68\overline{)54.4}$

④ $37\overline{)25.9}$

⑨ $58\overline{)17.4}$

⑮ $79\overline{)55.3}$

⑤ $38\overline{)22.8}$

⑩ $64\overline{)38.4}$

⑯ $73\overline{)65.7}$

2 DAY

몫이 1보다 작은 소수인 (소수)÷(자연수) (2)

계산해 보세요.

❶ $11.4 \div 38$

❷ $17.5 \div 35$

❸ $16.8 \div 28$

❹ $17.1 \div 57$

❺ $21.2 \div 53$

❻ $38.7 \div 43$

❼ $18.8 \div 47$

❽ $30.8 \div 44$

❾ $35.1 \div 39$

❿ $33.5 \div 67$

⓫ $36.8 \div 46$

⓬ $58.8 \div 84$

⓭ $58.4 \div 73$

⓮ $50.4 \div 84$

⓯ $48.3 \div 69$

⓰ $43.8 \div 73$

⓱ $63.2 \div 79$

⓲ $75.6 \div 84$

연산력 키우기 3 DAY

몫이 1보다 작은 소수인 (소수)÷(자연수)(3)

자연수 부분이 비어 있을 경우 0을 써요.

계산해 보세요.

연산 Key

	1	8
3)	5	4
	3	
	2	4
	2	4
		0

➡

	0.	1	8
3)	0.	5	4
		3	
		2	4
		2	4
			0

몫의 소수점은 나누어지는 수의 소수점을 올려 찍고,
자연수 부분에 0을 써요.

⑨ $3\overline{)0.75}$

⑩ $3\overline{)0.81}$

① $2\overline{)0.28}$

⑤ $4\overline{)0.52}$

⑪ $5\overline{)0.75}$

② $3\overline{)0.69}$

⑥ $3\overline{)0.54}$

⑫ $4\overline{)0.68}$

③ $4\overline{)0.48}$

⑦ $2\overline{)0.76}$

⑬ $2\overline{)0.86}$

④ $2\overline{)0.58}$

⑧ $3\overline{)0.84}$

⑭ $4\overline{)0.96}$

3 DAY

몫이 1보다 작은 소수인 (소수)÷(자연수)(3)

계산해 보세요.

❶ $0.39 \div 3$

❷ $0.82 \div 2$

❸ $0.88 \div 4$

❹ $0.63 \div 3$

❺ $0.65 \div 5$

❻ $0.74 \div 2$

❼ $0.45 \div 3$

❽ $0.72 \div 6$

❾ $0.78 \div 3$

❿ $0.72 \div 3$

⓫ $0.56 \div 2$

⓬ $0.91 \div 7$

⓭ $0.72 \div 4$

⓮ $0.98 \div 7$

⓯ $0.85 \div 5$

⓰ $0.87 \div 3$

⓱ $0.92 \div 4$

⓲ $0.96 \div 6$

몫이 1보다 작은 소수인 (소수)÷(자연수)(4)

나누어지는 수는 나누는 수보다 작아요.

계산해 보세요.

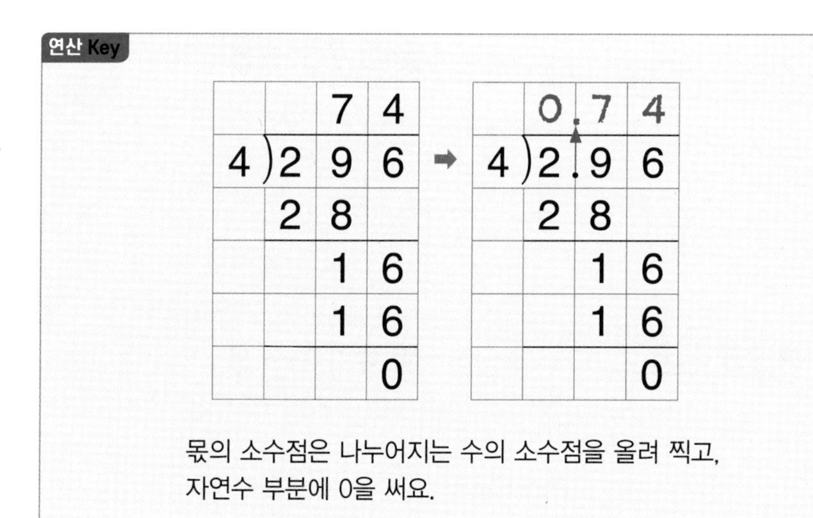

연산 Key
몫의 소수점은 나누어지는 수의 소수점을 올려 찍고,
자연수 부분에 0을 써요.

⑨ $4\overline{)2.92}$

⑩ $6\overline{)3.36}$

① $3\overline{)1.26}$

⑤ $7\overline{)1.33}$

⑪ $7\overline{)4.48}$

② $4\overline{)2.24}$

⑥ $6\overline{)1.44}$

⑫ $5\overline{)4.75}$

③ $7\overline{)1.89}$

⑦ $5\overline{)4.15}$

⑬ $9\overline{)6.03}$

④ $5\overline{)1.95}$

⑧ $8\overline{)2.96}$

⑭ $8\overline{)6.24}$

4 DAY 몫이 1보다 작은 소수인 (소수)÷(자연수)(4)

계산해 보세요.

❶ $2.28 \div 6$

❷ $2.32 \div 8$

❸ $1.62 \div 9$

❹ $2.24 \div 4$

❺ $4.74 \div 6$

❻ $3.35 \div 5$

❼ $3.12 \div 4$

❽ $2.25 \div 9$

❾ $5.52 \div 8$

❿ $5.76 \div 6$

⓫ $6.88 \div 8$

⓬ $4.83 \div 7$

⓭ $3.76 \div 8$

⓮ $4.14 \div 9$

⓯ $5.88 \div 7$

⓰ $6.57 \div 9$

⓱ $7.52 \div 8$

⓲ $8.01 \div 9$

몫이 1보다 작은 소수인 (소수)÷(자연수)(5)

자연수 부분에 0을 쓰고 소수 부분을 계산해요.

계산해 보세요.

연산 Key

			3	4
1	6	)5	4	4
		4	8	
			6	4
			6	4
				0

➡

		0	.3	4
1	6	)5	.4	4
		4	8	
			6	4
			6	4
				0

몫의 소수점은 나누어지는 수의 소수점을 올려 찍고,
자연수 부분에 0을 써요.

❶ $12\overline{)2.04}$

❷ $14\overline{)3.36}$

❸ $24\overline{)4.32}$

❹ $16\overline{)5.92}$

❺ $17\overline{)2.72}$

❻ $13\overline{)5.59}$

❼ $15\overline{)8.25}$

❽ $26\overline{)9.88}$

❾ $14\overline{)10.78}$

❿ $23\overline{)14.49}$

⓫ $26\overline{)21.32}$

⓬ $73\overline{)25.55}$

⓭ $67\overline{)31.49}$

⓮ $46\overline{)34.96}$

5 DAY

몫이 1보다 작은 소수인 (소수)÷(자연수)(5)

계산해 보세요.

❶ 5.13 ÷ 27

❷ 4.75 ÷ 19

❸ 8.64 ÷ 24

❹ 8.16 ÷ 17

❺ 9.38 ÷ 14

❻ 7.28 ÷ 13

❼ 7.02 ÷ 26

❽ 9.75 ÷ 25

❾ 7.98 ÷ 14

❿ 16.56 ÷ 24

⓫ 21.84 ÷ 26

⓬ 32.64 ÷ 34

⓭ 21.83 ÷ 37

⓮ 33.97 ÷ 43

⓯ 41.36 ÷ 47

⓰ 50.76 ÷ 54

⓱ 46.62 ÷ 63

⓲ 64.99 ÷ 67

소수의 오른쪽 끝에 0이 숨어 있어

2.50

7

(소수)÷(자연수)(3)

학습목표 1. 소수점 아래 0을 내려 계산해야 하는 (소수)÷(자연수)의 계산 익히기
2. 몫의 소수 첫째 자리에 0이 있는 (소수)÷(자연수)의 계산 익히기

원리 깨치기

❶ 소수점 아래 0을 내려 계산해야 하는 (소수)÷(자연수)
❷ 몫의 소수 첫째 자리에 0이 있는 (소수)÷(자연수)

월 일

소수의 나눗셈에서 나누어떨어지지 않거나 중간에 내려쓴 수가 나누는 수보다 작으면 어떻게 계산할까?
이번 차시에는 계산 끝 또는 중간에 나누어지지 않는 수가 있는 (소수)÷(자연수)의 계산을 공부할 거야.
소수점 아래 끝자리에는 0을 계속 쓸 수 있다는 것을 유념해서 생각해 봐.
자! 그럼, 소수점 아래 0을 내려 계산해야 하는 (소수)÷(자연수)와 몫의 소수 첫째 자리에 0이 있는 (소수)÷(자연수)를 공부해 보자.

연산력 키우기

DAY		맞은 개수 / 전체 문항
❶ DAY	월 일	14
걸린 시간	분 초	18
❷ DAY	월 일	14
걸린 시간	분 초	18
❸ DAY	월 일	14
걸린 시간	분 초	18
❹ DAY	월 일	14
걸린 시간	분 초	18
❺ DAY	월 일	14
걸린 시간	분 초	21

원리 깨치기

❶ 소수점 아래 0을 내려 계산해야 하는 (소수) ÷ (자연수)

[2.6 ÷ 4의 계산]

2가 남았으므로 0을 하나 더 내려 계산해요.

가로로 계산하기

$260 \div 4 = 65$ → ($\frac{1}{100}$배) → $2.6 \div 4 = 0.65$ ($\frac{1}{100}$배)

나누는 수가 같고 나누어지는 수가 $\frac{1}{10}$배, $\frac{1}{100}$배가 되면 몫도 $\frac{1}{10}$배, $\frac{1}{100}$배가 됩니다.

세로로 계산하기

	6	5
4) 2	6	0
2	4	
	2	0
	2	0
		0

➡

	0.	6	5
4)	2.	6	0
	2	4	
		2	0
		2	0
			0

세로로 계산하고 소수점을 올려 찍습니다. 이때 계산이 끝나지 않으면 0을 하나 더 내려 계산합니다.

연산 Key

■) ▲.● 0 0

소수점 아래에 0을 더 쓰고 계속 계산할 수 있어요.

❷ 몫의 소수 첫째 자리에 0이 있는 (소수) ÷ (자연수)

[6.3 ÷ 6의 계산]

3이 6보다 작으므로 몫에 0을 쓰고 0을 하나 더 내려 계산해요.

가로로 계산하기

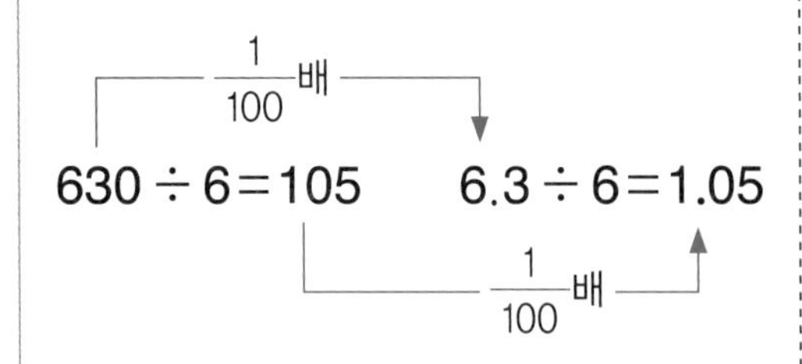

나누는 수가 같고 나누어지는 수가 $\frac{1}{10}$배, $\frac{1}{100}$배가 되면 몫도 $\frac{1}{10}$배, $\frac{1}{100}$배가 됩니다.

세로로 계산하기

	1	0	5
6)	6	3	0
	6		
		3	0
		3	0
			0

➡

	1.	0	5
6)	6.	3	0
	6		
		3	0
		3	0
			0

계산하는 중에 수를 하나 내려도 나누어야 할 수가 나누는 수보다 작은 경우에는 몫에 0을 쓰고 수를 하나 더 내려 계산합니다.

소수점 아래 0을 내려 계산해야 하는 (소수)÷(자연수)(1)

소수점 아래에서 나누어떨어지지 않는 경우에는 0을 하나 내려 계산해요.

계산해 보세요.

연산 Key

		3	5
4	)1	4	0
	1	2	
		2	0
		2	0
			0

➡

		0.3	5
4	)1.	4	0
	1	2	
		2	0
		2	0
			0

소수점을 올려 찍고 자연수 부분에 0을 써요.
이때 계산이 끝나지 않으면 0을 하나 더 내려 계산해요.

❶ $4\overline{)0.6}$

❷ $5\overline{)0.9}$

❸ $6\overline{)1.5}$

❹ $8\overline{)4.4}$

❺ $6\overline{)2.1}$

❻ $8\overline{)3.6}$

❼ $4\overline{)3.4}$

❽ $5\overline{)1.8}$

❾ $6\overline{)4.5}$

❿ $5\overline{)3.6}$

⓫ $6\overline{)5.7}$

⓬ $8\overline{)3.4}$

⓭ $4\overline{)2.7}$

⓮ $8\overline{)5.8}$

1 DAY

소수점 아래 0을 내려 계산해야 하는 (소수)÷(자연수)(1)

계산해 보세요.

❶ $0.6 \div 5$

❷ $0.9 \div 6$

❸ $4.3 \div 5$

❹ $3.3 \div 6$

❺ $3.7 \div 5$

❻ $6.8 \div 8$

❼ $2.6 \div 4$

❽ $5.1 \div 6$

❾ $2.8 \div 5$

❿ $3.9 \div 6$

⓫ $4.9 \div 5$

⓬ $7.6 \div 8$

⓭ $1.3 \div 4$

⓮ $2.9 \div 4$

⓯ $3.8 \div 8$

⓰ $3.7 \div 4$

⓱ $6.6 \div 8$

⓲ $7.8 \div 8$

소수점 아래 0을 내려 계산해야 하는 (소수)÷(자연수)(2)

소수점 아래에서 나누어떨어지지 않는 경우에는 0을 하나 내려 계산해요.

계산해 보세요.

연산 Key

일의 자리부터 차례로 계산하고 소수점을 올려 찍어요.
이때 계산이 끝나지 않으면 0을 하나 더 내려 계산해요.

	1	3	4
5)	6	7	0
	5		
	1	7	
	1	5	
		2	0
		2	0
			0

➡

	1.	3	4
5)	6.	7	0
	5		
	1	7	
	1	5	
		2	0
		2	0
			0

❶ $2\overline{)4.9}$

❷ $5\overline{)5.6}$

❸ $6\overline{)7.5}$

❹ $4\overline{)6.6}$

❺ $5\overline{)5.8}$

❻ $4\overline{)7.8}$

❼ $2\overline{)5.7}$

❽ $6\overline{)6.9}$

❾ $5\overline{)6.2}$

❿ $4\overline{)8.6}$

⓫ $5\overline{)8.4}$

⓬ $2\overline{)8.9}$

⓭ $4\overline{)4.5}$

⓮ $8\overline{)9.4}$

2 DAY

소수점 아래 0을 내려 계산해야 하는 (소수)÷(자연수) (2)

계산해 보세요.

❶ $4.3 \div 2$

❷ $6.2 \div 4$

❸ $6.8 \div 5$

❹ $3.5 \div 2$

❺ $8.1 \div 6$

❻ $7.4 \div 4$

❼ $7.3 \div 5$

❽ $5.4 \div 4$

❾ $9.9 \div 6$

❿ $5.1 \div 2$

⓫ $8.9 \div 5$

⓬ $5.9 \div 2$

⓭ $9.4 \div 5$

⓮ $8.7 \div 6$

⓯ $6.5 \div 4$

⓰ $8.7 \div 4$

⓱ $9.8 \div 8$

⓲ $9.1 \div 4$

연산력 키우기 3 DAY

몫의 소수 첫째 자리에 0이 있는 (소수)÷(자연수)(1)

중간에 내려 쓴 수가 나누는 수보다 작으면 몫에 0을 쓰고 수를 하나 더 내려 계산해요.

계산해 보세요.

연산 Key

	2	0	8
3)	6	2	4
	6		
		2	4
		2	4
			0

➡

	2.	0	8
3)	6.	2	4
	6		
		2	4
		2	4
			0

일의 자리부터 차례로 계산해요. 계산하는 중에 수를 하나 내려도 나누어야 할 수가 나누는 수보다 작은 경우에는 몫에 0을 쓰고 수를 하나 더 내려 계산해요.

⑨ $5\overline{)5.35}$

⑩ $7\overline{)7.28}$

① $3\overline{)0.15}$

② $4\overline{)0.16}$

③ $7\overline{)0.35}$

④ $6\overline{)0.36}$

⑤ $3\overline{)3.18}$

⑥ $4\overline{)4.12}$

⑦ $5\overline{)5.25}$

⑧ $3\overline{)6.21}$

⑪ $3\overline{)6.15}$

⑫ $8\overline{)8.32}$

⑬ $4\overline{)8.16}$

⑭ $3\overline{)9.18}$

3 DAY 몫의 소수 첫째 자리에 0이 있는 (소수)÷(자연수)(1)

계산해 보세요.

❶ $0.25 \div 5$

❷ $0.28 \div 7$

❸ $0.64 \div 8$

❹ $0.63 \div 9$

❺ $4.24 \div 4$

❻ $6.48 \div 6$

❼ $6.27 \div 3$

❽ $8.24 \div 4$

❾ $6.18 \div 6$

❿ $7.35 \div 7$

⓫ $9.15 \div 3$

⓬ $4.16 \div 2$

⓭ $9.45 \div 9$

⓮ $8.14 \div 2$

⓯ $6.21 \div 3$

⓰ $6.54 \div 6$

⓱ $8.36 \div 4$

⓲ $9.24 \div 3$

연산력 키우기 4 DAY

몫의 소수 첫째 자리에 0이 있는 (소수)÷(자연수)(2)

중간에 내려쓴 수가 나누는 수보다 작으면 몫에 0을 쓰고 수를 하나 더 내려 계산해요.

계산해 보세요.

연산 Key

	1	0	5
4)	4	2	0
	4		
		2	0
		2	0
			0

➡

	1.	0	5
4)	4.	2	0
	4		
		2	0
		2	0
			0

계산하는 중에 수를 하나 내려도 나누어야 할 수가 나누는 수보다 작은 경우에는 몫에 0을 쓰고 수를 하나 더 내려 계산해요.

❶ 4)0.2

❷ 6)0.3

❸ 5)0.4

❹ 2)2.1

❺ 5)5.1

❻ 6)6.3

❼ 5)5.3

❽ 2)8.1

❾ 5)15.2

❿ 4)24.2

⓫ 5)20.3

⓬ 6)30.3

⓭ 8)32.4

⓮ 5)40.3

4 DAY 몫의 소수 첫째 자리에 0이 있는 (소수)÷(자연수)(2)

계산해 보세요.

❶ $0.2 \div 5$

❷ $0.4 \div 8$

❸ $5.2 \div 5$

❹ $6.1 \div 2$

❺ $10.4 \div 5$

❻ $18.3 \div 6$

❼ $8.2 \div 4$

❽ $8.4 \div 8$

❾ $15.3 \div 5$

❿ $24.3 \div 6$

⓫ $36.2 \div 4$

⓬ $25.4 \div 5$

⓭ $18.1 \div 2$

⓮ $35.2 \div 5$

⓯ $56.4 \div 8$

⓰ $48.3 \div 6$

⓱ $45.4 \div 5$

⓲ $72.4 \div 8$

(소수)÷(자연수)

계산이 끝나지 않으면
0을 하나 더 내려 계산해요.

계산해 보세요.

연산 Key

	0	.8	5
4)	3	.4	0
	3	2	
		2	0
		2	0
			0

2가 남으므로 0을 내려 계산해요.

	1	.0	6
3)	3	.1	8
	3		
		1	8
		1	8
			0

$1<3$이므로 몫에 0을 쓰고 8을 내려 계산해요.

❶ $4\overline{)1.8}$

❷ $6\overline{)2.7}$

❸ $2\overline{)4.7}$

❹ $4\overline{)5.8}$

❺ $8\overline{)9.2}$

❻ $4\overline{)4.7}$

❼ $4\overline{)5.1}$

❽ $6\overline{)6.24}$

❾ $3\overline{)6.12}$

❿ $2\overline{)6.14}$

⓫ $12\overline{)0.6}$

⓬ $4\overline{)4.2}$

⓭ $5\overline{)25.1}$

⓮ $8\overline{)48.4}$

5 DAY

(소수)÷(자연수)

계산해 보세요.

❶ $2.2 \div 4$

❷ $2.8 \div 8$

❸ $1.9 \div 5$

❹ $5.2 \div 8$

❺ $3.9 \div 4$

❻ $7.4 \div 8$

❼ $9.3 \div 6$

❽ $5.3 \div 2$

❾ $11.1 \div 6$

❿ $8.5 \div 4$

⓫ $7.9 \div 4$

⓬ $6.42 \div 6$

⓭ $8.28 \div 4$

⓮ $7.42 \div 7$

⓯ $9.45 \div 9$

⓰ $8.32 \div 4$

⓱ $5.4 \div 5$

⓲ $12.2 \div 4$

⓳ $35.4 \div 5$

⓴ $36.3 \div 6$

㉑ $64.4 \div 8$

8

(소수)÷(자연수)(4)

학습목표 1. 몫이 자연수로 나누어떨어지지 않는 (자연수)÷(자연수)의 계산 익히기
2. 몫을 어림하여 소수점의 위치 확인하기

원리 깨치기

❶ 몫이 자연수로 나누어떨어지지 않는 (자연수)÷(자연수)
❷ 몫의 소수점의 위치 확인하기

월 일

앞 차시에서 여러 가지 (소수)÷(자연수)의 계산을 공부했어.
이번에는 몫이 자연수로 나누어떨어지지 않는 (자연수)÷(자연수)의 계산을 공부할 거야.
자연수 뒤에 소수점을 찍고 0을 쓸 수 있음을 알고 생각해 봐야 해.
자! 그럼, 나누어떨어지지 않는 (자연수)÷(자연수)의 계산과 몫의 소수점의 위치를 공부해 보자.

연산력 키우기

DAY	맞은 개수 / 전체 문항
❶ DAY	
월 일	16
걸린 시간 분 초	18
❷ DAY	
월 일	14
걸린 시간 분 초	18
❸ DAY	
월 일	16
걸린 시간 분 초	18
❹ DAY	
월 일	14
걸린 시간 분 초	18
❺ DAY	
월 일	19
걸린 시간 분 초	21

원리 깨치기

❶ 몫이 자연수로 나누어떨어지지 않는 (자연수) ÷ (자연수)

[3 ÷ 4의 계산]

300 ÷ 4를 이용하여 계산하기

3은 3.00과 같게 생각해서 3 뒤에 소수점을 찍고 0을 써요.

가로로 계산하기

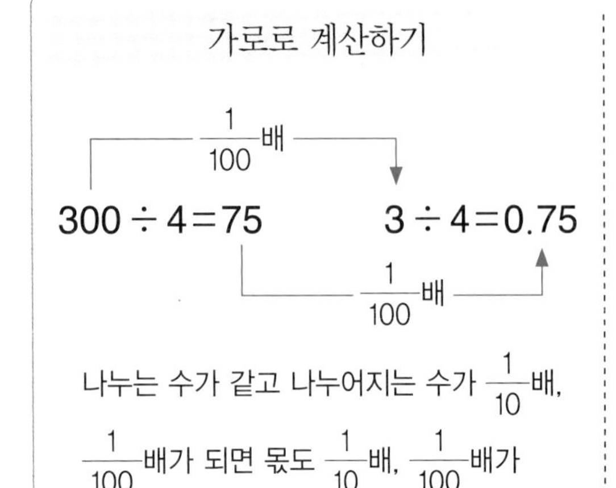

나누는 수가 같고 나누어지는 수가 $\frac{1}{10}$배, $\frac{1}{100}$배가 되면 몫도 $\frac{1}{10}$배, $\frac{1}{100}$배가 됩니다.

세로로 계산하기

		7	5
4	)3	0	0
	2	8	
		2	0
		2	0
			0

➡

		0.	7	5
4	)3.	0	0	
	2	8		
		2	0	
		2	0	
			0	

세로로 계산합니다. 소수점 아래에서 더 이상 계산할 수 없을 때까지 내림을 하고, 내릴 수가 없는 경우 0을 내려 계산합니다.

❷ 몫의 소수점의 위치 확인하기

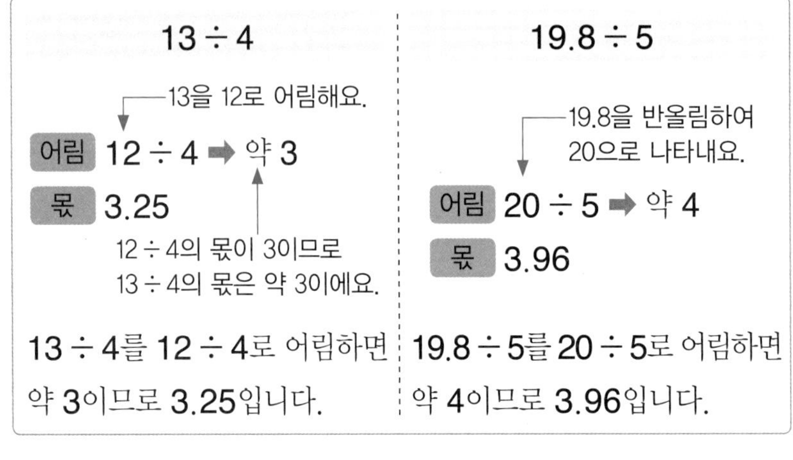

13 ÷ 4
13을 12로 어림해요.
어림 12 ÷ 4 ➡ 약 3
몫 3.25
12 ÷ 4의 몫이 3이므로
13 ÷ 4의 몫은 약 3이에요.
19.8 ÷ 5
19.8을 반올림하여
20으로 나타내요.
어림 20 ÷ 5 ➡ 약 4
몫 3.96

13 ÷ 4를 12 ÷ 4로 어림하면 약 3이므로 3.25입니다.

19.8 ÷ 5를 20 ÷ 5로 어림하면 약 4이므로 3.96입니다.

연산 Key

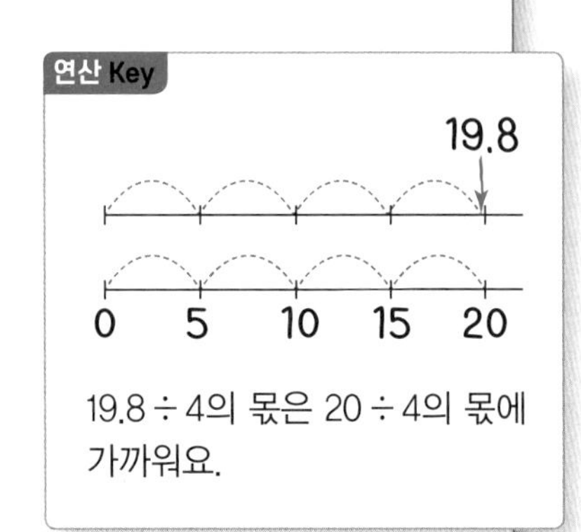

19.8 ÷ 4의 몫은 20 ÷ 4의 몫에 가까워요.

소수 나눗셈의 수를 간단한 자연수로 반올림하여 계산한 후 어림한 결과와 계산한 결과의 크기를 비교하여 소수점 위치가 맞는지 확인합니다.

■ ÷ ▲
- ■ > ▲ ➡ (몫) > 1
- ■ < ▲ ➡ (몫) < 1 → 자연수 부분에 0을 쓰고, 소수점 아래 0을 내려 씁니다.

연산력 키우기 1 DAY

몫이 자연수로 나누어떨어지지 않는 (자연수)÷(자연수)(1)

자연수 ■는 ■.0으로 나타낼 수 있어요.

계산해 보세요.

연산 Key

	1	5
2)	3	0
	2	
	1	0
	1	0
		0

➡

	1	.5
2)	3	.0
	2	
	1	0
	1	0
		0

더 이상 계산할 수 없을 때까지 내림을 하고, 내릴 수가 없는 경우 0을 내려 계산해요.

❶ $2\overline{)5}$

❷ $5\overline{)6}$

❸ $2\overline{)7}$

❹ $6\overline{)9}$

❺ $5\overline{)8}$

❻ $6\overline{)15}$

❼ $5\overline{)12}$

❽ $4\overline{)18}$

❾ $5\overline{)37}$

❿ $6\overline{)39}$

⓫ $5\overline{)26}$

⓬ $8\overline{)12}$

⓭ $16\overline{)40}$

⓮ $25\overline{)35}$

⓯ $20\overline{)34}$

⓰ $14\overline{)49}$

1 DAY

몫이 자연수로 나누어떨어지지 않는 (자연수)÷(자연수)(1)

계산해 보세요.

❶ $7 \div 5$

❷ $9 \div 5$

❸ $11 \div 2$

❹ $14 \div 4$

❺ $19 \div 2$

❻ $16 \div 5$

❼ $27 \div 6$

❽ $32 \div 5$

❾ $17 \div 2$

❿ $36 \div 8$

⓫ $51 \div 6$

⓬ $48 \div 5$

⓭ $22 \div 4$

⓮ $52 \div 8$

⓯ $57 \div 6$

⓰ $56 \div 16$

⓱ $60 \div 25$

⓲ $91 \div 14$

몫이 자연수로 나누어떨어지지 않는 (자연수)÷(자연수)(2)

소수점 아래에서 0을 두 번 내려 계산해요.

 **계산해 보세요.**

연산 Key

	1	2	5
4)	5	0	0
	4		
	1	0	
		8	
		2	0
		2	0
			0

➡

	1	.2	5
4)	5	.0	0
	4		
	1	0	
		8	
		2	0
		2	0
			0

더 이상 계산할 수 없을 때까지 내림을 하고, 내릴 수가 없는 경우 0을 내려 계산해요.

❶ $4\overline{)7}$

❷ $8\overline{)10}$

❸ $8\overline{)14}$

❹ $12\overline{)15}$

❺ $8\overline{)22}$

❻ $4\overline{)23}$

❼ $8\overline{)38}$

❽ $4\overline{)33}$

❾ $16\overline{)36}$

❿ $25\overline{)41}$

⓫ $20\overline{)47}$

⓬ $12\overline{)51}$

⓭ $16\overline{)60}$

⓮ $25\overline{)63}$

2 DAY 몫이 자연수로 나누어떨어지지 않는 (자연수)÷(자연수)(2)

계산해 보세요.

❶ $9 \div 4$

❷ $13 \div 4$

❸ $30 \div 8$

❹ $21 \div 12$

❺ $27 \div 20$

❻ $44 \div 16$

❼ $27 \div 4$

❽ $42 \div 8$

❾ $39 \div 12$

❿ $46 \div 25$

⓫ $54 \div 8$

⓬ $39 \div 4$

⓭ $49 \div 25$

⓮ $57 \div 12$

⓯ $68 \div 16$

⓰ $73 \div 20$

⓱ $84 \div 25$

⓲ $97 \div 20$

연산력 키우기 3 DAY

몫이 자연수로 나누어떨어지지 않는 (자연수)÷(자연수)(3)

자연수 부분이 비어 있을 경우 일의 자리에 0을 써요.

계산해 보세요.

연산 Key

		4
5	)2	0
	2	0
		0

➡

	0	.4
5	)2	.0
	2	0
		0

더 이상 계산할 수 없을 때까지 내림을 하고, 내릴 수가 없는 경우 0을 내려 계산해요.

❶ 2)1

❷ 6)3

❸ 20)4

❹ 35)7

❺ 20)6

❻ 15)9

❼ 30)18

❽ 35)21

❾ 45)18

❿ 25)10

⓫ 40)24

⓬ 25)15

⓭ 30)12

⓮ 20)12

⓯ 45)27

⓰ 40)28

3 DAY 몫이 자연수로 나누어떨어지지 않는 (자연수)÷(자연수)(3)

계산해 보세요.

❶ $3 \div 5$

❷ $6 \div 15$

❸ $5 \div 25$

❹ $9 \div 45$

❺ $8 \div 16$

❻ $8 \div 20$

❼ $20 \div 25$

❽ $14 \div 35$

❾ $12 \div 15$

❿ $28 \div 35$

⓫ $14 \div 20$

⓬ $36 \div 40$

⓭ $9 \div 30$

⓮ $16 \div 40$

⓯ $18 \div 20$

⓰ $21 \div 30$

⓱ $32 \div 40$

⓲ $27 \div 30$

연산력 키우기 4 DAY

몫이 자연수로 나누어떨어지지 않는 (자연수)÷(자연수)(4)

소수점 아래에서 0을 내려가며 계산해요.

계산해 보세요.

연산 Key

		7	5
4	)3	0	0
	2	8	
		2	0
		2	0
			0

➡

	0.	7	5
4	)3.	0	0
	2	8	
		2	0
		2	0
			0

더 이상 계산할 수 없을 때까지 내림을 하고,
내릴 수가 없는 경우 0을 내려 계산해요.

⑨ 20)15

⑩ 25)11

① 4)1

⑤ 25)7

⑪ 50)13

② 8)6

⑥ 50)7

⑫ 40)18

③ 25)3

⑦ 20)9

⑬ 50)21

④ 16)4

⑧ 40)14

⑭ 25)16

4 DAY

몫이 자연수로 나누어떨어지지 않는 (자연수)÷(자연수)(4)

계산해 보세요.

❶ $2 \div 8$

❷ $3 \div 12$

❸ $4 \div 25$

❹ $7 \div 20$

❺ $9 \div 12$

❻ $9 \div 25$

❼ $9 \div 50$

❽ $12 \div 16$

❾ $22 \div 40$

❿ $13 \div 20$

⓫ $21 \div 25$

⓬ $26 \div 40$

⓭ $18 \div 24$

⓮ $17 \div 20$

⓯ $17 \div 50$

⓰ $34 \div 40$

⓱ $37 \div 50$

⓲ $23 \div 25$

연산력 키우기 5 DAY

몫의 소수점의 위치 확인하기

나눗셈의 몫이 얼마쯤 될지 어림해 보세요.

어림셈하여 몫의 소수점 위치를 찾아 소수점을 찍어 보세요.

연산 Key

27.4 ÷ 4

어림 27 ÷ 4 ➡ 약 7

몫 6.85

나누어지는 수를 간단한 자연수로 반올림해요. 몫을 어림하면 약 7이므로 6 뒤에 소수점을 찍어요.

❶ 7 ÷ 4
몫 1□7□5

❷ 10 ÷ 8
몫 1□2□5

❸ 13 ÷ 4
몫 3□2□5

❹ 22 ÷ 8
몫 2□7□5

❺ 21 ÷ 4
몫 5□2□5

❻ 30 ÷ 8
몫 3□7□5

❼ 62 ÷ 5
몫 1□2□4

❽ 59 ÷ 25
몫 2□3□6

❾ 39 ÷ 20
몫 1□9□5

❿ 92 ÷ 8
몫 1□1□5

⓫ 27 ÷ 12
몫 2□2□5

⓬ 32 ÷ 25
몫 1□2□8

⓭ 45 ÷ 12
몫 3□7□5

⓮ 50 ÷ 8
몫 6□2□5

⓯ 93 ÷ 5
몫 1□8□6

⓰ 87 ÷ 6
몫 1□4□5

⓱ 83 ÷ 20
몫 4□1□5

⓲ 93 ÷ 6
몫 1□5□5

⓳ 74 ÷ 4
몫 1□8□5

5 DAY 몫의 소수점의 위치 확인하기

어림셈하여 몫의 소수점 위치를 찾아 소수점을 찍어 보세요.

❶ $10.8 \div 5$

몫 2□1□6

❷ $13.04 \div 4$

몫 3□2□6

❸ $16.5 \div 6$

몫 2□7□5

❹ $21.3 \div 5$

몫 4□2□6

❺ $12.88 \div 7$

몫 1□8□4

❻ $53.4 \div 3$

몫 1□7□8

❼ $13.88 \div 4$

몫 3□4□7

❽ $22.6 \div 5$

몫 4□5□2

❾ $99.2 \div 8$

몫 1□2□4

❿ $16.3 \div 5$

몫 3□2□6

⓫ $72.6 \div 3$

몫 2□4□2

⓬ $90.4 \div 4$

몫 2□2□6

⓭ $19.84 \div 8$

몫 2□4□8

⓮ $72.5 \div 5$

몫 1□4□5

⓯ $95.4 \div 3$

몫 3□1□8

⓰ $15.48 \div 6$

몫 2□5□8

⓱ $9.8 \div 5$

몫 1□9□6

⓲ $71.1 \div 3$

몫 2□3□7

⓳ $11.6 \div 8$

몫 1□4□5

⓴ $16.4 \div 5$

몫 3□2□8

㉑ $87.5 \div 7$

몫 1□2□5

9

비와 비율(1)

학습목표 1. 두 수를 비교하여 두 수의 비로 나타내는 법 익히기
2. 비율을 분수 또는 소수로 나타내는 법 익히기

원리 깨치기

❶ 두 수의 비로 나타내기 ❷ 비율을 분수 또는 소수로 나타내기	
월	일

연산력 키우기

DAY			맞은 개수 / 전체 문항
❶ DAY			
	월	일	22
걸린 시간	분	초	24
❷ DAY			
	월	일	22
걸린 시간	분	초	24
❸ DAY			
	월	일	22
걸린 시간	분	초	24
❹ DAY			
	월	일	22
걸린 시간	분	초	24
❺ DAY			
	월	일	21
걸린 시간	분	초	24

두 양의 크기를 비교하여 나타내는 방법에는 어떤 것이 있을까? 큰 수에서 작은 수를 빼서 비교하는 방법, 그리고 나눗셈으로 비교하는 방법이 있는데 이번 차시에는 두 양의 크기를 비로 나타내는 방법을 공부해 보자.

원리 깨치기

❶ 두 수의 비로 나타내기

(1) 비

두 수를 나눗셈으로 비교하기 위해 기호 :을 사용하여 나타낸 것을 비라고 합니다.

두 수 4와 3을 나눗셈으로 비교할 때 비로 나타내기 ➡ 쓰기 4 : 3 / 읽기 4 대 3

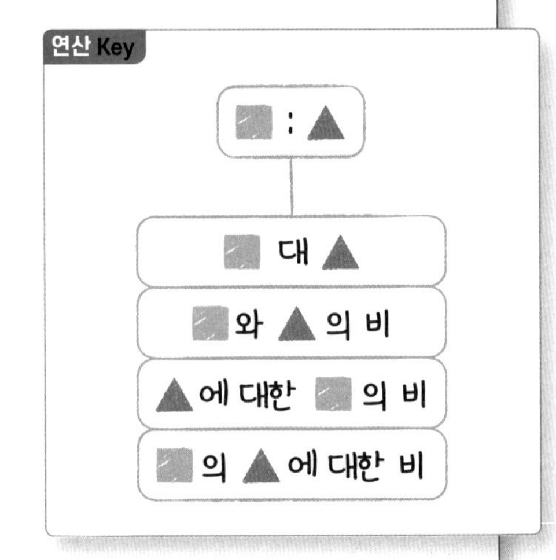

연산 Key
■ : ▲
■ 대 ▲
■ 와 ▲ 의 비
▲ 에 대한 ■ 의 비
■ 의 ▲ 에 대한 비

(2) 비를 여러 가지 방법으로 읽기

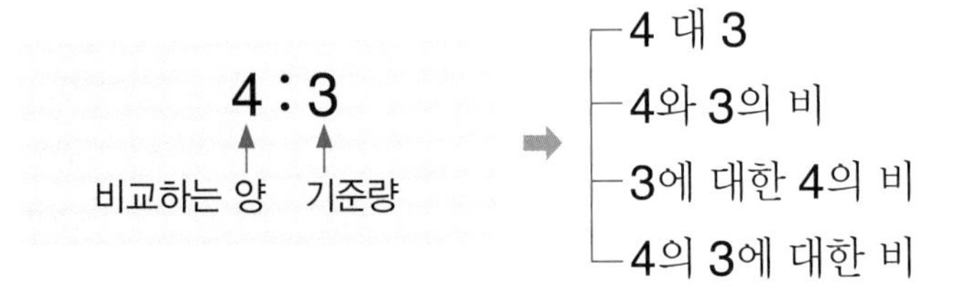

❷ 비율을 분수 또는 소수로 나타내기

(1) 비율 알아보기

기준량에 대한 비교하는 양의 크기를 비율이라고 합니다.

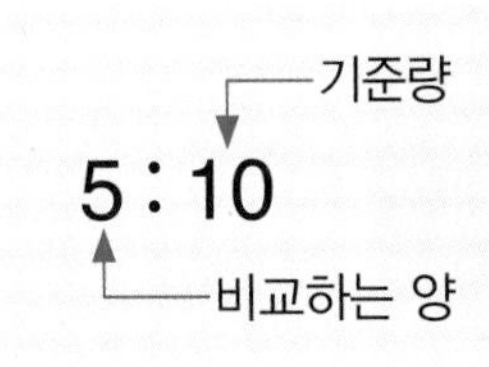

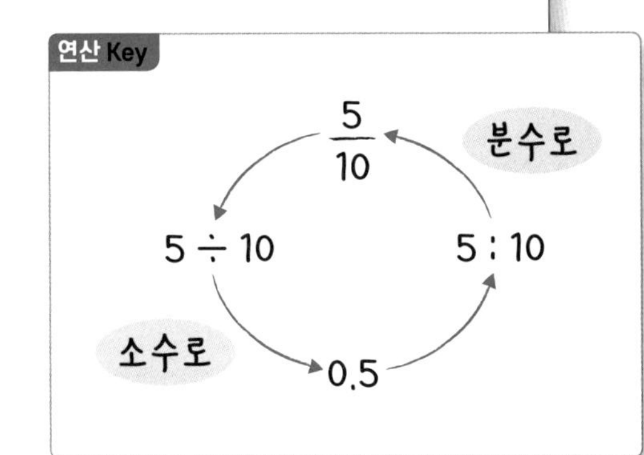

$$(\text{비율})=(\text{비교하는 양})\div(\text{기준량})=\frac{(\text{비교하는 양})}{(\text{기준량})}$$

(2) 비율 나타내기

비 5 : 10을 비율로 나타내기 ➡

분수 $\frac{(\text{비교하는 양})}{(\text{기준량})}=\frac{5}{10}=\frac{1}{2}$

소수 (비교하는 양) ÷ (기준량) $=5\div10=0.5$

연산력 키우기 1 DAY

두 수의 비로 나타내기(1)

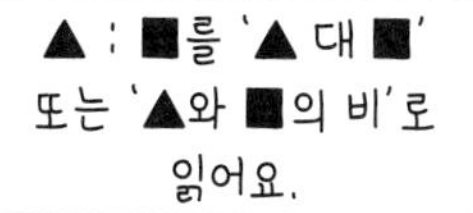

비로 나타내어 보세요.

연산 Key

- 2 대 3 ➡ 2 : 3
- 2와 3의 비 ➡ 2 : 3

기호 :의 왼쪽에 있는 수는 비교하는 양이고, 오른쪽에 있는 수는 기준량을 나타내요.

❶ 2 대 1
➡ (　　　　)

❷ 2 대 5
➡ (　　　　)

❸ 3 대 2
➡ (　　　　)

❹ 3 대 4
➡ (　　　　)

❺ 4 대 1
➡ (　　　　)

❻ 4 대 5
➡ (　　　　)

❼ 5 대 2
➡ (　　　　)

❽ 6 대 7
➡ (　　　　)

❾ 7 대 4
➡ (　　　　)

❿ 8 대 9
➡ (　　　　)

⓫ 9 대 7
➡ (　　　　)

⓬ 2와 7의 비
➡ (　　　　)

⓭ 3과 1의 비
➡ (　　　　)

⓮ 3과 8의 비
➡ (　　　　)

⓯ 4와 9의 비
➡ (　　　　)

⓰ 5와 3의 비
➡ (　　　　)

⓱ 5와 6의 비
➡ (　　　　)

⓲ 7과 5의 비
➡ (　　　　)

⓳ 7과 9의 비
➡ (　　　　)

⓴ 8과 5의 비
➡ (　　　　)

㉑ 9와 2의 비
➡ (　　　　)

㉒ 9와 5의 비
➡ (　　　　)

1 DAY 두 수의 비로 나타내기(1)

비로 나타내어 보세요.

❶ 10 대 7
➡ (　　　　　　)

❷ 11 대 13
➡ (　　　　　　)

❸ 13 대 9
➡ (　　　　　　)

❹ 16 대 17
➡ (　　　　　　)

❺ 17 대 11
➡ (　　　　　　)

❻ 18 대 19
➡ (　　　　　　)

❼ 18 대 17
➡ (　　　　　　)

❽ 19 대 20
➡ (　　　　　　)

❾ 11과 15의 비
➡ (　　　　　　)

❿ 13과 12의 비
➡ (　　　　　　)

⓫ 13과 19의 비
➡ (　　　　　　)

⓬ 14와 13의 비
➡ (　　　　　　)

⓭ 15와 17의 비
➡ (　　　　　　)

⓮ 16과 11의 비
➡ (　　　　　　)

⓯ 18과 19의 비
➡ (　　　　　　)

⓰ 19와 14의 비
➡ (　　　　　　)

⓱ 12 대 7
➡ (　　　　　　)

⓲ 12와 7의 비
➡ (　　　　　　)

⓳ 14 대 11
➡ (　　　　　　)

⓴ 14와 11의 비
➡ (　　　　　　)

㉑ 16 대 9
➡ (　　　　　　)

㉒ 16과 9의 비
➡ (　　　　　　)

㉓ 17 대 19
➡ (　　　　　　)

㉔ 17과 19의 비
➡ (　　　　　　)

연산력 키우기 2 DAY

두 수의 비로 나타내기(2)

▲ : ■에서 기호의 오른쪽에 있는 ■는 '■에 대한'으로 읽어요.

비로 나타내어 보세요.

연산 Key

- 3에 대한 2의 비 ➡ 2 : 3
- 2의 3에 대한 비 ➡ 2 : 3

'~에 대한'이라는 뜻이 기준을 나타내요.

❶ 3에 대한 5의 비
➡ (   )

❷ 4에 대한 3의 비
➡ (   )

❸ 5에 대한 7의 비
➡ (   )

❹ 5에 대한 4의 비
➡ (   )

❺ 6에 대한 7의 비
➡ (   )

❻ 7에 대한 2의 비
➡ (   )

❼ 7에 대한 8의 비
➡ (   )

❽ 8에 대한 5의 비
➡ (   )

❾ 8에 대한 9의 비
➡ (   )

❿ 9에 대한 5의 비
➡ (   )

⓫ 9에 대한 7의 비
➡ (   )

⓬ 2의 5에 대한 비
➡ (   )

⓭ 3의 2에 대한 비
➡ (   )

⓮ 3의 7에 대한 비
➡ (   )

⓯ 4의 3에 대한 비
➡ (   )

⓰ 4의 9에 대한 비
➡ (   )

⓱ 5의 2에 대한 비
➡ (   )

⓲ 5의 6에 대한 비
➡ (   )

⓳ 6의 1에 대한 비
➡ (   )

⓴ 6의 7에 대한 비
➡ (   )

㉑ 8의 3에 대한 비
➡ (   )

㉒ 9의 7에 대한 비
➡ (   )

2 DAY 두 수의 비로 나타내기(2)

비로 나타내어 보세요.

❶ 12에 대한 11의 비
➡ (　　　　　　)

❷ 13에 대한 16의 비
➡ (　　　　　　)

❸ 14에 대한 9의 비
➡ (　　　　　　)

❹ 14에 대한 15의 비
➡ (　　　　　　)

❺ 15에 대한 16의 비
➡ (　　　　　　)

❻ 17에 대한 18의 비
➡ (　　　　　　)

❼ 17에 대한 13의 비
➡ (　　　　　　)

❽ 18에 대한 19의 비
➡ (　　　　　　)

❾ 9의 11에 대한 비
➡ (　　　　　　)

❿ 11의 13에 대한 비
➡ (　　　　　　)

⓫ 12의 13에 대한 비
➡ (　　　　　　)

⓬ 13의 16에 대한 비
➡ (　　　　　　)

⓭ 14의 15에 대한 비
➡ (　　　　　　)

⓮ 17의 14에 대한 비
➡ (　　　　　　)

⓯ 15의 22에 대한 비
➡ (　　　　　　)

⓰ 19의 17에 대한 비
➡ (　　　　　　)

⓱ 11에 대한 2의 비
➡ (　　　　　　)

⓲ 2의 11에 대한 비
➡ (　　　　　　)

⓳ 13에 대한 8의 비
➡ (　　　　　　)

⓴ 8의 13에 대한 비
➡ (　　　　　　)

㉑ 19에 대한 4의 비
➡ (　　　　　　)

㉒ 4의 19에 대한 비
➡ (　　　　　　)

㉓ 19에 대한 18의 비
➡ (　　　　　　)

㉔ 18의 19에 대한 비
➡ (　　　　　　)

연산력 키우기 3 DAY

비율을 분수로 나타내기

기준량이 분모예요.

비율을 분수로 나타내어 보세요.

연산 Key

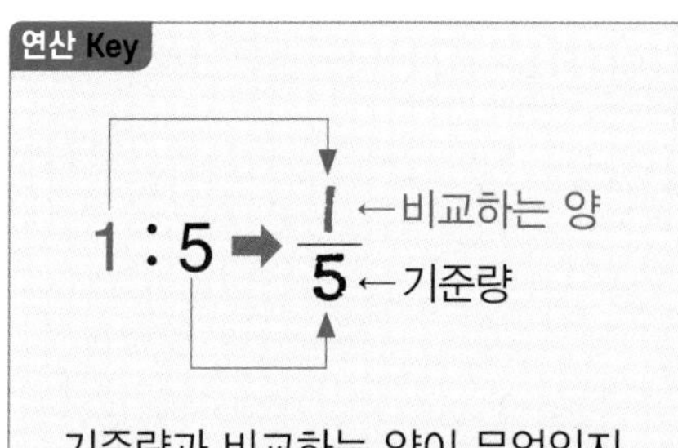

기준량과 비교하는 양이 무엇인지 먼저 파악한 후 분수로 나타내요.

❶ 2 : 3

➡ (　　　　)

❷ 3 : 5

➡ (　　　　)

❸ 4 : 7

➡ (　　　　)

❹ 5 : 8

➡ (　　　　)

❺ 6 : 7

➡ (　　　　)

❻ 7 : 14

➡ (　　　　)

❼ 2 대 7

➡ (　　　　)

❽ 3 대 8

➡ (　　　　)

❾ 4 대 5

➡ (　　　　)

❿ 5 대 6

➡ (　　　　)

⓫ 6 대 11

➡ (　　　　)

⓬ 7 대 8

➡ (　　　　)

⓭ 8 대 16

➡ (　　　　)

⓮ 9 대 18

➡ (　　　　)

⓯ 5와 7의 비

➡ (　　　　)

⓰ 7과 10의 비

➡ (　　　　)

⓱ 10과 11의 비

➡ (　　　　)

⓲ 12와 15의 비

➡ (　　　　)

⓳ 13과 12의 비

➡ (　　　　)

⓴ 15와 17의 비

➡ (　　　　)

㉑ 15와 30의 비

➡ (　　　　)

㉒ 16과 32의 비

➡ (　　　　)

3 DAY 비율을 분수로 나타내기

비율을 분수로 나타내어 보세요.

❶ 7에 대한 1의 비
➡ (　　　　　　)

❷ 9에 대한 2의 비
➡ (　　　　　　)

❸ 10에 대한 7의 비
➡ (　　　　　　)

❹ 10에 대한 3의 비
➡ (　　　　　　)

❺ 11에 대한 2의 비
➡ (　　　　　　)

❻ 11에 대한 4의 비
➡ (　　　　　　)

❼ 13에 대한 6의 비
➡ (　　　　　　)

❽ 13에 대한 12의 비
➡ (　　　　　　)

❾ 10에 대한 5의 비
➡ (　　　　　　)

❿ 12에 대한 6의 비
➡ (　　　　　　)

⓫ 14에 대한 7의 비
➡ (　　　　　　)

⓬ 15에 대한 3의 비
➡ (　　　　　　)

⓭ 2의 10에 대한 비
➡ (　　　　　　)

⓮ 3의 12에 대한 비
➡ (　　　　　　)

⓯ 4의 20에 대한 비
➡ (　　　　　　)

⓰ 8의 16에 대한 비
➡ (　　　　　　)

⓱ 9의 10에 대한 비
➡ (　　　　　　)

⓲ 10의 13에 대한 비
➡ (　　　　　　)

⓳ 11의 12에 대한 비
➡ (　　　　　　)

⓴ 13의 14에 대한 비
➡ (　　　　　　)

㉑ 16의 19에 대한 비
➡ (　　　　　　)

㉒ 18의 21에 대한 비
➡ (　　　　　　)

㉓ 18의 19에 대한 비
➡ (　　　　　　)

㉔ 19의 20에 대한 비
➡ (　　　　　　)

연산력 키우기 4 DAY

비율을 소수로 나타내기

비교하는 양을 기준량으로 나눠요.

비율을 소수로 나타내어 보세요.

연산 Key

1 : 5 ➡ 1 ÷ 5 = 0.2

(1: 비교하는 양, 5: 기준량)

(비율)=(비교하는 양)÷(기준량)임을 이용해요.

❶ 1 : 2
➡ (　　　　)

❷ 2 : 4
➡ (　　　　)

❸ 3 : 6
➡ (　　　　)

❹ 4 : 5
➡ (　　　　)

❺ 5 : 2
➡ (　　　　)

❻ 6 : 8
➡ (　　　　)

❼ 1 대 5
➡ (　　　　)

❽ 3 대 10
➡ (　　　　)

❾ 4 대 8
➡ (　　　　)

❿ 6 대 4
➡ (　　　　)

⓫ 9 대 12
➡ (　　　　)

⓬ 12 대 24
➡ (　　　　)

⓭ 17 대 25
➡ (　　　　)

⓮ 18 대 12
➡ (　　　　)

⓯ 1과 4의 비
➡ (　　　　)

⓰ 2와 5의 비
➡ (　　　　)

⓱ 4와 10의 비
➡ (　　　　)

⓲ 8과 16의 비
➡ (　　　　)

⓳ 11과 10의 비
➡ (　　　　)

⓴ 13과 20의 비
➡ (　　　　)

㉑ 15와 25의 비
➡ (　　　　)

㉒ 16과 20의 비
➡ (　　　　)

비율을 소수로 나타내기

비율을 소수로 나타내어 보세요.

❶ 4에 대한 1의 비
➡ (   )

❷ 8에 대한 2의 비
➡ (   )

❸ 10에 대한 8의 비
➡ (   )

❹ 12에 대한 3의 비
➡ (   )

❺ 12에 대한 15의 비
➡ (   )

❻ 14에 대한 7의 비
➡ (   )

❼ 15에 대한 3의 비
➡ (   )

❽ 15에 대한 12의 비
➡ (   )

❾ 16에 대한 4의 비
➡ (   )

❿ 20에 대한 9의 비
➡ (   )

⓫ 25에 대한 20의 비
➡ (   )

⓬ 28에 대한 7의 비
➡ (   )

⓭ 2의 5에 대한 비
➡ (   )

⓮ 3의 20에 대한 비
➡ (   )

⓯ 5의 20에 대한 비
➡ (   )

⓰ 5의 4에 대한 비
➡ (   )

⓱ 6의 5에 대한 비
➡ (   )

⓲ 7의 20에 대한 비
➡ (   )

⓳ 9의 4에 대한 비
➡ (   )

⓴ 10의 8에 대한 비
➡ (   )

㉑ 13의 2에 대한 비
➡ (   )

㉒ 15의 10에 대한 비
➡ (   )

㉓ 15의 20에 대한 비
➡ (   )

㉔ 18의 15에 대한 비
➡ (   )

연산력 키우기 5 DAY

비율을 분수 또는 소수로 나타내기

비교하는 양과 기준량이 무엇인지 파악하는 것이 중요해요.

비율을 분수로 나타내어 보세요.

연산 Key

1 : 2
비교하는 양 기준량

분수

$\frac{(\text{비교하는 양})}{(\text{기준량})} = \frac{1}{2}$

소수

(비교하는 양) ÷ (기준량)
$= 1 \div 2 = 0.5$

기준량에 대한 비교하는 양의 크기를 비율이라고 해요.

⑥ 8 대 11
➡ (　　　　　　)

⑦ 6과 13의 비
➡ (　　　　　　)

⑧ 9와 5의 비
➡ (　　　　　　)

⑭ 7에 대한 6의 비
➡ (　　　　　　)

⑮ 10에 대한 9의 비
➡ (　　　　　　)

⑯ 12에 대한 11의 비
➡ (　　　　　　)

① 1 : 3
➡ (　　　　　　)

② 2 : 5
➡ (　　　　　　)

③ 3 : 10
➡ (　　　　　　)

④ 4 대 3
➡ (　　　　　　)

⑤ 5 대 7
➡ (　　　　　　)

⑨ 10과 9의 비
➡ (　　　　　　)

⑩ 11과 14의 비
➡ (　　　　　　)

⑪ 11과 22의 비
➡ (　　　　　　)

⑫ 4에 대한 1의 비
➡ (　　　　　　)

⑬ 5에 대한 3의 비
➡ (　　　　　　)

⑰ 3의 5에 대한 비
➡ (　　　　　　)

⑱ 4의 7에 대한 비
➡ (　　　　　　)

⑲ 8의 13에 대한 비
➡ (　　　　　　)

⑳ 9의 15에 대한 비
➡ (　　　　　　)

㉑ 12의 8에 대한 비
➡ (　　　　　　)

5 DAY 비율을 분수 또는 소수로 나타내기

비율을 소수로 나타내어 보세요.

① 1 : 8

➡ ( )

② 3 : 12

➡ ( )

③ 5 : 8

➡ ( )

④ 9 : 12

➡ ( )

⑤ 2 대 8

➡ ( )

⑥ 4 대 16

➡ ( )

⑦ 6 대 15

➡ ( )

⑧ 8 대 20

➡ ( )

⑨ 3과 8의 비

➡ ( )

⑩ 11과 8의 비

➡ ( )

⑪ 7과 8의 비

➡ ( )

⑫ 8과 25의 비

➡ ( )

⑬ 12와 15의 비

➡ ( )

⑭ 8에 대한 3의 비

➡ ( )

⑮ 12에 대한 9의 비

➡ ( )

⑯ 25에 대한 2의 비

➡ ( )

⑰ 18에 대한 9의 비

➡ ( )

⑱ 20에 대한 11의 비

➡ ( )

⑲ 25에 대한 13의 비

➡ ( )

⑳ 8의 20에 대한 비

➡ ( )

㉑ 9의 12에 대한 비

➡ ( )

㉒ 12의 15에 대한 비

➡ ( )

㉓ 14의 10에 대한 비

➡ ( )

㉔ 25의 20에 대한 비

➡ ( )

우린 모습은 다르지만
비율은 같아!
0.1
10 %

10

비와 비율(2)

학습목표 1. 비율을 백분율로 나타내는 법 익히기
2. 백분율을 비율로 나타내는 법 익히기

원리 깨치기

❶ 비율을 백분율로 나타내기
❷ 백분율을 비율로 나타내기

월 일

이해 !

한번 더 !

비율은 소수나 분수로 나타낼 수 있지만, 실생활에서 가장 많이 쓰이는 비율은 백분율이야.
자 그럼, 비율을 백분율로 나타내는 법을 공부해 보자.

연산력 키우기

DAY	맞은 개수 / 전체 문항
❶ DAY	
월 일	/ 22
걸린 시간 분 초	/ 24
❷ DAY	
월 일	/ 22
걸린 시간 분 초	/ 24
❸ DAY	
월 일	/ 22
걸린 시간 분 초	/ 24
❹ DAY	
월 일	/ 22
걸린 시간 분 초	/ 24
❺ DAY	
월 일	/ 22
걸린 시간 분 초	/ 24

원리 깨치기

❶ 비율을 백분율로 나타내기

(1) 백분율

기준량을 100으로 할 때의 비율을 백분율이라고 합니다.
백분율은 기호 %를 사용하여 나타냅니다.

비율 $\frac{25}{100}$ ➡ 쓰기 25 % / 읽기 25퍼센트

(2) 비율을 백분율로 나타내기

[$\frac{14}{50}$를 백분율로 나타내기]

방법 1 기준량이 100인 비율로 나타낸 다음, 분자에 기호 %를 붙이기

$\frac{14}{50}=\frac{28}{100}$ ➡ 28 %

$0.28=\frac{28}{100}$ ➡ 28 %

방법 2 비율에 100을 곱한 다음, 나온 값에 기호 %를 붙이기

$\frac{14}{50}\times 100=28$ ➡ 28 %

$0.28\times 100=28$ ➡ 28 %

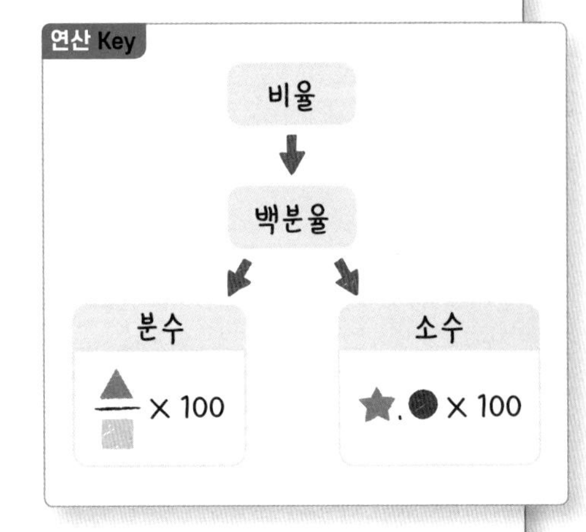

❷ 백분율을 비율로 나타내기

백분율을 분수 또는 소수로 나타내려면 기호 %를 없앤 다음 100으로 나눕니다.

28 % ➡ 분수 $28\div 100=\frac{28}{100}\left(=\frac{7}{25}\right)$ / 소수 $28\div 100=0.28$

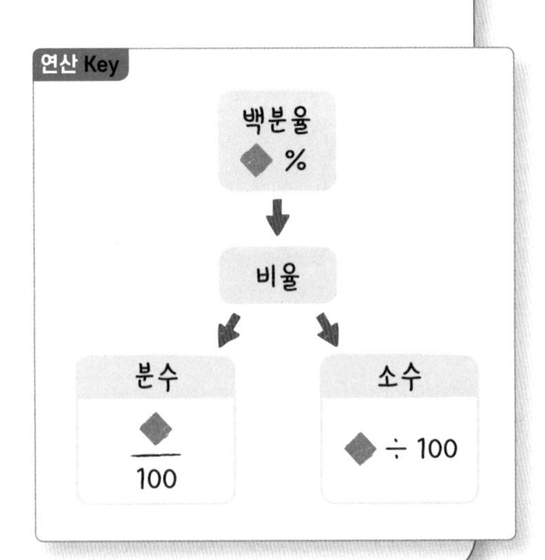

연산력 키우기 1 DAY

비율을 백분율로 나타내기(1)

소수로 나타낸 비율에 100을 곱한 다음, 나온 값에 기호 %를 붙여요.

비율을 백분율로 나타내어 보세요.

연산 Key

• $0.1 = \frac{1}{10} = \frac{10}{100}$ ➡ 10 %

• $0.1 \times 100 = 10$ ➡ 10 %

비율에 100을 곱해서 나온 값에 기호 %를 붙여요.

❶ 0.02 ➡ (　　　　)

❷ 0.03 ➡ (　　　　)

❸ 0.04 ➡ (　　　　)

❹ 0.06 ➡ (　　　　)

❺ 0.08 ➡ (　　　　)

❻ 0.09 ➡ (　　　　)

❼ 0.18 ➡ (　　　　)

❽ 0.2 ➡ (　　　　)

❾ 0.28 ➡ (　　　　)

❿ 0.3 ➡ (　　　　)

⓫ 0.4 ➡ (　　　　)

⓬ 0.42 ➡ (　　　　)

⓭ 0.53 ➡ (　　　　)

⓮ 0.6 ➡ (　　　　)

⓯ 0.64 ➡ (　　　　)

⓰ 0.71 ➡ (　　　　)

⓱ 0.79 ➡ (　　　　)

⓲ 0.8 ➡ (　　　　)

⓳ 0.81 ➡ (　　　　)

⓴ 0.86 ➡ (　　　　)

㉑ 0.91 ➡ (　　　　)

㉒ 0.97 ➡ (　　　　)

1 DAY

비율을 백분율로 나타내기(1)

비율을 백분율로 나타내어 보세요.

❶ 1.02 ➡ (　　　　　)
❷ 1.03 ➡ (　　　　　)
❸ 1.09 ➡ (　　　　　)
❹ 1.1 ➡ (　　　　　)
❺ 1.14 ➡ (　　　　　)
❻ 1.26 ➡ (　　　　　)
❼ 1.35 ➡ (　　　　　)
❽ 1.4 ➡ (　　　　　)
❾ 1.52 ➡ (　　　　　)
❿ 1.6 ➡ (　　　　　)
⓫ 2.2 ➡ (　　　　　)
⓬ 2.28 ➡ (　　　　　)
⓭ 2.8 ➡ (　　　　　)
⓮ 3.02 ➡ (　　　　　)
⓯ 3.36 ➡ (　　　　　)
⓰ 3.9 ➡ (　　　　　)
⓱ 4.06 ➡ (　　　　　)
⓲ 4.3 ➡ (　　　　　)
⓳ 5.1 ➡ (　　　　　)
⓴ 5.28 ➡ (　　　　　)
㉑ 6.4 ➡ (　　　　　)
㉒ 6.78 ➡ (　　　　　)
㉓ 7.04 ➡ (　　　　　)
㉔ 7.21 ➡ (　　　　　)

연산력 키우기 2 DAY

비율을 백분율로 나타내기(2)

분수로 나타낸 비율에 100을 곱한 다음, 나온 값에 기호 %를 붙여요.

비율을 백분율로 나타내어 보세요.

연산 Key

- $\frac{1}{10}=\frac{10}{100}$ ➡ 10 %
- $\frac{1}{10}\times 100=10$ ➡ 10 %

비율에 100을 곱해서 나온 값에 기호 %를 붙여요.

❶ $\frac{1}{2}$ ➡ (　　　　)

❷ $\frac{3}{4}$ ➡ (　　　　)

❸ $\frac{2}{5}$ ➡ (　　　　)

❹ $\frac{4}{5}$ ➡ (　　　　)

❺ $\frac{2}{8}$ ➡ (　　　　)

❻ $\frac{6}{8}$ ➡ (　　　　)

❼ $\frac{2}{10}$ ➡ (　　　　)

❽ $\frac{3}{10}$ ➡ (　　　　)

❾ $\frac{7}{10}$ ➡ (　　　　)

❿ $\frac{9}{10}$ ➡ (　　　　)

⓫ $\frac{3}{15}$ ➡ (　　　　)

⓬ $\frac{6}{15}$ ➡ (　　　　)

⓭ $\frac{9}{15}$ ➡ (　　　　)

⓮ $\frac{12}{15}$ ➡ (　　　　)

⓯ $\frac{3}{20}$ ➡ (　　　　)

⓰ $\frac{7}{20}$ ➡ (　　　　)

⓱ $\frac{13}{20}$ ➡ (　　　　)

⓲ $\frac{17}{20}$ ➡ (　　　　)

⓳ $\frac{2}{25}$ ➡ (　　　　)

⓴ $\frac{5}{25}$ ➡ (　　　　)

㉑ $\frac{11}{25}$ ➡ (　　　　)

㉒ $\frac{22}{25}$ ➡ (　　　　)

2 DAY

비율을 백분율로 나타내기(2)

비율을 백분율로 나타내어 보세요.

① $\frac{3}{30}$ ➡ (   )

② $\frac{12}{30}$ ➡ (   )

③ $\frac{18}{30}$ ➡ (   )

④ $\frac{27}{30}$ ➡ (   )

⑤ $\frac{21}{35}$ ➡ (   )

⑥ $\frac{6}{40}$ ➡ (   )

⑦ $\frac{18}{40}$ ➡ (   )

⑧ $\frac{26}{40}$ ➡ (   )

⑨ $\frac{34}{40}$ ➡ (   )

⑩ $\frac{27}{45}$ ➡ (   )

⑪ $\frac{6}{50}$ ➡ (   )

⑫ $\frac{13}{50}$ ➡ (   )

⑬ $\frac{23}{50}$ ➡ (   )

⑭ $\frac{41}{50}$ ➡ (   )

⑮ $\frac{11}{55}$ ➡ (   )

⑯ $\frac{15}{60}$ ➡ (   )

⑰ $\frac{28}{70}$ ➡ (   )

⑱ $\frac{12}{80}$ ➡ (   )

⑲ $\frac{27}{100}$ ➡ (   )

⑳ $\frac{73}{100}$ ➡ (   )

㉑ $\frac{54}{120}$ ➡ (   )

㉒ $\frac{81}{300}$ ➡ (   )

㉓ $\frac{120}{400}$ ➡ (   )

㉔ $\frac{300}{500}$ ➡ (   )

연산력 키우기 3 DAY

백분율을 분수로 나타내기

기호 %를 없애고 100으로 나눈 다음 분수로 나타내요.

백분율을 분수로 나타내어 보세요.

연산 Key

12 % ➡ $12 \div 100$

$=12 \times \frac{1}{100}$

$=\frac{12}{100}\left(=\frac{3}{25}\right)$

백분율에서 기호 %를 없애고 $\frac{1}{100}$을 곱한 것과 같아요.

❶ 2 % ➡ (　　　)

❷ 4 % ➡ (　　　)

❸ 5 % ➡ (　　　)

❹ 6 % ➡ (　　　)

❺ 8 % ➡ (　　　)

❻ 9 % ➡ (　　　)

❼ 10 % ➡ (　　　)

❽ 20 % ➡ (　　　)

❾ 30 % ➡ (　　　)

❿ 40 % ➡ (　　　)

⓫ 50 % ➡ (　　　)

⓬ 60 % ➡ (　　　)

⓭ 70 % ➡ (　　　)

⓮ 80 % ➡ (　　　)

⓯ 15 % ➡ (　　　)

⓰ 25 % ➡ (　　　)

⓱ 35 % ➡ (　　　)

⓲ 55 % ➡ (　　　)

⓳ 65 % ➡ (　　　)

⓴ 75 % ➡ (　　　)

㉑ 85 % ➡ (　　　)

㉒ 95 % ➡ (　　　)

3 DAY

백분율을 분수로 나타내기

백분율을 분수로 나타내어 보세요.

❶ 18 % ➡ (　　　　)

❷ 26 % ➡ (　　　　)

❸ 32 % ➡ (　　　　)

❹ 38 % ➡ (　　　　)

❺ 44 % ➡ (　　　　)

❻ 46 % ➡ (　　　　)

❼ 58 % ➡ (　　　　)

❽ 64 % ➡ (　　　　)

❾ 66 % ➡ (　　　　)

❿ 72 % ➡ (　　　　)

⓫ 78 % ➡ (　　　　)

⓬ 82 % ➡ (　　　　)

⓭ 94 % ➡ (　　　　)

⓮ 105 % ➡ (　　　　)

⓯ 110 % ➡ (　　　　)

⓰ 130 % ➡ (　　　　)

⓱ 140 % ➡ (　　　　)

⓲ 148 % ➡ (　　　　)

⓳ 150 % ➡ (　　　　)

⓴ 156 % ➡ (　　　　)

㉑ 164 % ➡ (　　　　)

㉒ 180 % ➡ (　　　　)

㉓ 192 % ➡ (　　　　)

㉔ 220 % ➡ (　　　　)

연산력 키우기 4 DAY

백분율을 소수로 나타내기

기호 %를 없애고 100으로 나누어 소수로 나타내요.

백분율을 소수로 나타내어 보세요.

연산 Key

12 % ➡ 12 ÷ 100 = 0.12

백분율에서 기호 %를 뺀 다음 100으로 나누어요.

❶ 3 % ➡ (　　　)

❷ 4 % ➡ (　　　)

❸ 5 % ➡ (　　　)

❹ 7 % ➡ (　　　)

❺ 8 % ➡ (　　　)

❻ 9 % ➡ (　　　)

❼ 10 % ➡ (　　　)

❽ 20 % ➡ (　　　)

❾ 30 % ➡ (　　　)

❿ 40 % ➡ (　　　)

⓫ 50 % ➡ (　　　)

⓬ 60 % ➡ (　　　)

⓭ 70 % ➡ (　　　)

⓮ 90 % ➡ (　　　)

⓯ 15 % ➡ (　　　)

⓰ 25 % ➡ (　　　)

⓱ 35 % ➡ (　　　)

⓲ 45 % ➡ (　　　)

⓳ 55 % ➡ (　　　)

⓴ 75 % ➡ (　　　)

㉑ 85 % ➡ (　　　)

㉒ 95 % ➡ (　　　)

백분율을 소수로 나타내기

백분율을 소수로 나타내어 보세요.

❶ 14 % ➡ (　　　　)
❷ 16 % ➡ (　　　　)
❸ 22 % ➡ (　　　　)
❹ 28 % ➡ (　　　　)
❺ 34 % ➡ (　　　　)
❻ 38 % ➡ (　　　　)
❼ 41 % ➡ (　　　　)
❽ 46 % ➡ (　　　　)

❾ 52 % ➡ (　　　　)
❿ 58 % ➡ (　　　　)
⓫ 62 % ➡ (　　　　)
⓬ 69 % ➡ (　　　　)
⓭ 74 % ➡ (　　　　)
⓮ 76 % ➡ (　　　　)
⓯ 88 % ➡ (　　　　)
⓰ 96 % ➡ (　　　　)

⓱ 104 % ➡ (　　　　)
⓲ 108 % ➡ (　　　　)
⓳ 110 % ➡ (　　　　)
⓴ 115 % ➡ (　　　　)
㉑ 123 % ➡ (　　　　)
㉒ 131 % ➡ (　　　　)
㉓ 159 % ➡ (　　　　)
㉔ 220 % ➡ (　　　　)

연산력 키우기 5 DAY

비율은 백분율로, 백분율은 비율로 나타내기

비율에 100을 곱하면 백분율이 되고, 백분율을 100으로 나누면 비율이 돼요.

분수와 소수로 나타낸 비율을 백분율로 나타내어 보세요.

연산 Key

- $\frac{7}{10} \times 100 = 70 \Rightarrow 70\ \%$
- $70\ \% \Rightarrow 70 \div 100 = \frac{70}{100}\left(=\frac{7}{10}\right)$

비율에 100을 곱하여 백분율로, 백분율을 100으로 나누어 비율로 나타내요.

❶ 0.07 ➡ (　　　)

❷ 0.16 ➡ (　　　)

❸ 0.32 ➡ (　　　)

❹ 0.68 ➡ (　　　)

❺ 0.7 ➡ (　　　)

❻ 0.83 ➡ (　　　)

❼ 1.04 ➡ (　　　)

❽ 1.15 ➡ (　　　)

❾ 2.03 ➡ (　　　)

❿ 3.2 ➡ (　　　)

⓫ 4.44 ➡ (　　　)

⓬ $\frac{1}{4}$ ➡ (　　　)

⓭ $\frac{3}{5}$ ➡ (　　　)

⓮ $\frac{4}{8}$ ➡ (　　　)

⓯ $\frac{8}{10}$ ➡ (　　　)

⓰ $\frac{8}{20}$ ➡ (　　　)

⓱ $\frac{11}{20}$ ➡ (　　　)

⓲ $\frac{4}{25}$ ➡ (　　　)

⓳ $\frac{28}{35}$ ➡ (　　　)

⓴ $\frac{30}{50}$ ➡ (　　　)

㉑ $\frac{48}{100}$ ➡ (　　　)

㉒ $\frac{120}{300}$ ➡ (　　　)

5 DAY

비율은 백분율로, 백분율은 비율로 나타내기

백분율을 분수와 소수로 각각 나타내어 보세요.

❶ 11 % ➡ (　　　　　　)

❷ 13 % ➡ (　　　　　　)

❸ 16 % ➡ (　　　　　　)

❹ 24 % ➡ (　　　　　　)

❺ 27 % ➡ (　　　　　　)

❻ 29 % ➡ (　　　　　　)

❼ 32 % ➡ (　　　　　　)

❽ 36 % ➡ (　　　　　　)

❾ 43 % ➡ (　　　　　　)

❿ 57 % ➡ (　　　　　　)

⓫ 68 % ➡ (　　　　　　)

⓬ 71 % ➡ (　　　　　　)

⓭ 84 % ➡ (　　　　　　)

⓮ 88 % ➡ (　　　　　　)

⓯ 93 % ➡ (　　　　　　)

⓰ 96 % ➡ (　　　　　　)

⓱ 117 % ➡ (　　　　　　)

⓲ 120 % ➡ (　　　　　　)

⓳ 132 % ➡ (　　　　　　)

⓴ 148 % ➡ (　　　　　　)

㉑ 160 % ➡ (　　　　　　)

㉒ 195 % ➡ (　　　　　　)

㉓ 210 % ➡ (　　　　　　)

㉔ 255 % ➡ (　　　　　　)

초등학생을 위한 **한국사 입문서**

스토리 한국사

한국사를 만화로만 배웠더니
기억이 나지 않는다면?

초등 고학년 교과서가 쉬워지는 스토리텔링 한국사!

스 토 리 한 국 사 !

재미있는 활동북으로
한국사능력검정시험까지 **대비**하는
스토리 한국사!

효과가 상상 이상입니다.

예전에는 아이들의 어휘 학습을 위해 학습지를 만들어 주기도 했는데,
이제는 이 교재가 있으니 어휘 학습 고민은 해결되었습니다.
아이들에게 아침 자율 활동으로 할 것을 제안하였는데,
"선생님, 더 풀어도 되나요?"라는 모습을 보면,
아이들의 기초 학습 습관 형성에도 큰 도움이 되고 있다고 생각합니다.

ㄷ초등학교 안00 선생님

어휘 공부의 힘을 느꼈습니다.

학습에 자신감이 없던 학생도 이미 배운 어휘가 수업에 나왔을 때 반가워합니다.
어휘를 먼저 학습하면서 흥미도가 높아지고
동기 부여가 되는 것을 보면서 어휘 공부의 힘을 느꼈습니다.

ㅂ학교 김00 선생님

학생들 스스로 뿌듯해해요.

처음에는 어휘 학습을 따로 한다는 것 자체가 부담스러워했지만,
공부하는 내용에 대해 이해도가 높아지는 경험을 하면서
스스로 뿌듯해하는 모습을 볼 수 있었습니다.

ㅅ초등학교 손00 선생님

앞으로도 활용할 계획입니다.

학생들에게 확인 문제의 수준이 너무 어렵지 않으면서도
교과서에 나오는 낱말의 뜻을 확실하게 배울 수 있었고,
주요 학습 내용과 관련 있는 낱말의 뜻과 용례를
정확하게 공부할 수 있어서 효과적이었습니다.

ㅅ초등학교 지00 선생님

학교 선생님들이 확인한
어휘가 문해력이다의 학습 효과!
직접 경험해 보세요

학기별 교과서 어휘 완전 학습
<어휘가 문해력이다>
— 예비 초등 ~ 중학 3학년 —

초 | 등 | 부 | 터 EBS

정답

단계별 기초 학습
코어 강화 프로그램

주제별 5일 구성, 매일 2쪽으로 키우는 계산력

만점왕 연산 11단계

초등 6학년

다음 학년 수학이 쉬워지는
초 / 등 / 수 / 해 / 력

대한민국 교육의
NO.1 EBS가
작심하고 만들었다!

초등 수해력

"국어를 잘하려면 문해력, 수학을 잘하려면 수해력!
〈초등 수해력〉으로 다음 학년 수학이 쉬워집니다."

필요한 영역별, 단계별로 선택해서 맞춤형 학습 가능	쉬운 부분은 간단히, 어려운 부분은 집중 강화하는 효율적 구성	모르는 부분은 무료 강의로 해결 primary.ebs.co.kr * P단계 제외

수학 능력자가 되는 가장 쉬운 방법

STEP 1
EBS 초등사이트에서 수해력 진단평가를 실시합니다.

STEP 2
진단평가 결과에 따라 취약 영역과 해당 단계 교재를 〈초등 수해력〉에서 선택합니다.

STEP 3
교재에서 많이 틀린 부분, 어려운 부분은 무료 강의로 보충합니다.

우리 아이의 수학 수준은?
수 해 력 진단평가

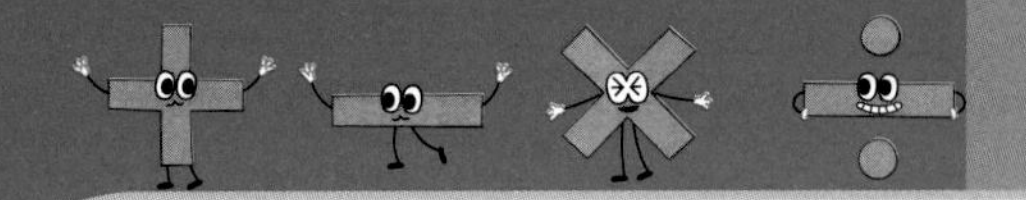

정답

만점왕 연산 ⓫단계

1 (자연수)÷(자연수)

1 DAY 1 ÷ (자연수)의 몫을 분수로 나타내기

11쪽

① $\frac{1}{2}$ ② $\frac{1}{3}$ ③ $\frac{1}{4}$ ④ $\frac{1}{6}$ ⑤ $\frac{1}{8}$ ⑥ $\frac{1}{10}$
⑦ $\frac{1}{11}$ ⑧ $\frac{1}{13}$ ⑨ $\frac{1}{15}$ ⑩ $\frac{1}{19}$ ⑪ $\frac{1}{21}$ ⑫ $\frac{1}{23}$
⑬ $\frac{1}{24}$ ⑭ $\frac{1}{25}$ ⑮ $\frac{1}{26}$ ⑯ $\frac{1}{28}$ ⑰ $\frac{1}{32}$ ⑱ $\frac{1}{34}$
⑲ $\frac{1}{36}$ ⑳ $\frac{1}{38}$ ㉑ $\frac{1}{40}$ ㉒ $\frac{1}{45}$

12쪽

① $\frac{1}{12}$ ② $\frac{1}{17}$ ③ $\frac{1}{27}$ ④ $\frac{1}{29}$ ⑤ $\frac{1}{31}$ ⑥ $\frac{1}{35}$
⑦ $\frac{1}{37}$ ⑧ $\frac{1}{39}$ ⑨ $\frac{1}{42}$ ⑩ $\frac{1}{43}$ ⑪ $\frac{1}{44}$ ⑫ $\frac{1}{46}$
⑬ $\frac{1}{49}$ ⑭ $\frac{1}{51}$ ⑮ $\frac{1}{55}$ ⑯ $\frac{1}{57}$ ⑰ $\frac{1}{59}$ ⑱ $\frac{1}{64}$
⑲ $\frac{1}{71}$ ⑳ $\frac{1}{77}$ ㉑ $\frac{1}{79}$ ㉒ $\frac{1}{81}$ ㉓ $\frac{1}{83}$ ㉔ $\frac{1}{86}$

2 DAY 몫이 1보다 작은 (자연수) ÷ (자연수)의 몫을 분수로 나타내기

13쪽

① $\frac{3}{4}$ ② $\frac{4}{5}$ ③ $\frac{2}{5}$ ④ $\frac{3}{5}$ ⑤ $\frac{5}{6}$ ⑥ $\frac{6}{7}$
⑦ $\frac{2}{7}$ ⑧ $\frac{3}{7}$ ⑨ $\frac{5}{7}$ ⑩ $\frac{4}{7}$ ⑪ $\frac{7}{8}$ ⑫ $\frac{3}{8}$
⑬ $\frac{5}{8}$ ⑭ $\frac{5}{9}$ ⑮ $\frac{7}{9}$ ⑯ $\frac{4}{9}$ ⑰ $\frac{8}{9}$ ⑱ $\frac{2}{9}$
⑲ $\frac{7}{10}$ ⑳ $\frac{3}{10}$ ㉑ $\frac{9}{11}$ ㉒ $\frac{7}{12}$

14쪽

① $\frac{6}{11}$ ② $\frac{5}{12}$ ③ $\frac{11}{12}$ ④ $\frac{7}{13}$ ⑤ $\frac{10}{13}$ ⑥ $\frac{12}{13}$
⑦ $\frac{11}{13}$ ⑧ $\frac{9}{14}$ ⑨ $\frac{8}{15}$ ⑩ $\frac{13}{15}$ ⑪ $\frac{14}{15}$ ⑫ $\frac{5}{16}$
⑬ $\frac{15}{16}$ ⑭ $\frac{6}{17}$ ⑮ $\frac{15}{17}$ ⑯ $\frac{7}{18}$ ⑰ $\frac{13}{18}$ ⑱ $\frac{17}{20}$
⑲ $\frac{16}{21}$ ⑳ $\frac{15}{22}$ ㉑ $\frac{12}{25}$ ㉒ $\frac{16}{27}$ ㉓ $\frac{27}{28}$ ㉔ $\frac{21}{32}$

3 DAY 몫이 1보다 큰 (자연수) ÷ (자연수)의 몫을 분수로 나타내기(1)

15쪽

① $\frac{5}{2}$ ② $\frac{5}{3}$ ③ $\frac{7}{3}$ ④ $\frac{8}{3}$ ⑤ $\frac{13}{3}$ ⑥ $\frac{5}{4}$

⑦ $\frac{7}{4}$ ⑧ $\frac{9}{4}$ ⑨ $\frac{17}{4}$ ⑩ $\frac{6}{5}$ ⑪ $\frac{7}{5}$ ⑫ $\frac{11}{5}$

⑬ $\frac{23}{5}$ ⑭ $\frac{7}{6}$ ⑮ $\frac{13}{6}$ ⑯ $\frac{8}{7}$ ⑰ $\frac{9}{7}$ ⑱ $\frac{9}{8}$

⑲ $\frac{27}{8}$ ⑳ $\frac{14}{9}$ ㉑ $\frac{20}{9}$ ㉒ $\frac{28}{9}$

16쪽

① $\frac{11}{10}$ ② $\frac{14}{11}$ ③ $\frac{13}{12}$ ④ $\frac{25}{12}$ ⑤ $\frac{23}{12}$ ⑥ $\frac{15}{13}$

⑦ $\frac{21}{13}$ ⑧ $\frac{18}{13}$ ⑨ $\frac{17}{14}$ ⑩ $\frac{19}{14}$ ⑪ $\frac{16}{15}$ ⑫ $\frac{22}{15}$

⑬ $\frac{19}{16}$ ⑭ $\frac{21}{16}$ ⑮ $\frac{27}{16}$ ⑯ $\frac{18}{17}$ ⑰ $\frac{36}{19}$ ⑱ $\frac{43}{21}$

⑲ $\frac{28}{27}$ ⑳ $\frac{35}{27}$ ㉑ $\frac{32}{27}$ ㉒ $\frac{47}{30}$ ㉓ $\frac{78}{35}$ ㉔ $\frac{63}{40}$

4 DAY 몫이 1보다 큰 (자연수) ÷ (자연수)의 몫을 분수로 나타내기(2)

17쪽

① $1\frac{1}{3}$ ② $1\frac{2}{3}$ ③ $1\frac{1}{4}$ ④ $2\frac{3}{4}$ ⑤ $3\frac{1}{4}$ ⑥ $1\frac{2}{5}$

⑦ $1\frac{4}{5}$ ⑧ $2\frac{4}{5}$ ⑨ $2\frac{5}{6}$ ⑩ $2\frac{4}{7}$ ⑪ $2\frac{3}{8}$ ⑫ $1\frac{1}{9}$

⑬ $2\frac{9}{10}$ ⑭ $1\frac{3}{10}$ ⑮ $1\frac{1}{11}$ ⑯ $1\frac{5}{12}$ ⑰ $1\frac{6}{13}$ ⑱ $1\frac{1}{14}$

⑲ $1\frac{8}{15}$ ⑳ $1\frac{1}{16}$ ㉑ $1\frac{3}{17}$ ㉒ $1\frac{7}{18}$

18쪽

① $2\frac{2}{3}$ ② $3\frac{2}{3}$ ③ $5\frac{1}{4}$ ④ $3\frac{3}{4}$ ⑤ $2\frac{2}{5}$ ⑥ $3\frac{2}{5}$

⑦ $2\frac{2}{7}$ ⑧ $3\frac{2}{7}$ ⑨ $1\frac{10}{11}$ ⑩ $3\frac{6}{11}$ ⑪ $2\frac{1}{12}$ ⑫ $2\frac{8}{13}$

⑬ $3\frac{11}{13}$ ⑭ $2\frac{11}{14}$ ⑮ $3\frac{9}{14}$ ⑯ $2\frac{2}{15}$ ⑰ $3\frac{11}{15}$ ⑱ $2\frac{13}{16}$

⑲ $3\frac{4}{17}$ ⑳ $1\frac{17}{18}$ ㉑ $2\frac{15}{19}$ ㉒ $1\frac{11}{20}$ ㉓ $1\frac{16}{21}$ ㉔ $1\frac{17}{24}$

5 DAY (자연수) ÷ (자연수)의 몫을 분수로 나타내기

19쪽

❶ $\frac{1}{2}$

❷ $\frac{1}{3}$

❸ $\frac{5}{6}$

❹ $\frac{3}{5}$

❺ $\frac{1}{4}$

❻ $\frac{5}{6}$

❼ $\frac{4}{9}$

❽ $\frac{3}{4}$

❾ $\frac{2}{3}$

❿ $\frac{3}{4}$

⓫ $\frac{2}{3}$

⓬ $\frac{7}{12}$

⓭ $\frac{1}{5}$

⓮ $\frac{1}{2}$

⓯ $\frac{2}{3}$

⓰ $\frac{2}{5}$

⓱ $\frac{2}{5}$

⓲ $\frac{1}{6}$

⓳ $\frac{5}{12}$

⓴ $\frac{3}{10}$

㉑ $\frac{2}{5}$

㉒ $\frac{4}{9}$

20쪽

❶ $2\frac{1}{2}\left(=\frac{5}{2}\right)$

❷ $5\frac{1}{2}\left(=\frac{11}{2}\right)$

❸ $2\frac{1}{3}\left(=\frac{7}{3}\right)$

❹ $4\frac{1}{3}\left(=\frac{13}{3}\right)$

❺ $2\frac{2}{3}\left(=\frac{8}{3}\right)$

❻ $2\frac{1}{2}\left(=\frac{5}{2}\right)$

❼ $4\frac{1}{4}\left(=\frac{17}{4}\right)$

❽ $3\frac{3}{4}\left(=\frac{15}{4}\right)$

❾ $1\frac{4}{5}\left(=\frac{9}{5}\right)$

❿ $3\frac{1}{2}\left(=\frac{7}{2}\right)$

⓫ $2\frac{1}{3}\left(=\frac{7}{3}\right)$

⓬ $2\frac{1}{7}\left(=\frac{15}{7}\right)$

⓭ $3\frac{2}{3}\left(=\frac{11}{3}\right)$

⓮ $1\frac{2}{5}\left(=\frac{7}{5}\right)$

⓯ $3\frac{7}{10}\left(=\frac{37}{10}\right)$

⓰ $1\frac{1}{2}\left(=\frac{3}{2}\right)$

⓱ $2\frac{1}{3}\left(=\frac{7}{3}\right)$

⓲ $3\frac{5}{12}\left(=\frac{41}{12}\right)$

⓳ $1\frac{2}{5}\left(=\frac{7}{5}\right)$

⓴ $2\frac{3}{4}\left(=\frac{11}{4}\right)$

㉑ $2\frac{9}{11}\left(=\frac{31}{11}\right)$

㉒ $1\frac{3}{7}\left(=\frac{10}{7}\right)$

㉓ $1\frac{3}{8}\left(=\frac{11}{8}\right)$

㉔ $2\frac{5}{14}\left(=\frac{33}{14}\right)$

2 (분수)÷(자연수)

1 DAY 분자가 자연수의 배수인 (진분수) ÷ (자연수)

23쪽

① $\frac{1}{3}$	⑦ $\frac{1}{5}$	⑬ $\frac{3}{19}$	⑲ $\frac{2}{15}$
② $\frac{2}{5}$	⑧ $\frac{2}{7}$	⑭ $\frac{1}{7}$	⑳ $\frac{2}{17}$
③ $\frac{2}{7}$	⑨ $\frac{2}{13}$	⑮ $\frac{1}{9}$	㉑ $\frac{1}{11}$
④ $\frac{3}{7}$	⑩ $\frac{3}{11}$	⑯ $\frac{3}{16}$	㉒ $\frac{2}{17}$
⑤ $\frac{3}{11}$	⑪ $\frac{2}{9}$	⑰ $\frac{2}{17}$	
⑥ $\frac{5}{13}$	⑫ $\frac{3}{13}$	⑱ $\frac{1}{8}$	

24쪽

① $\frac{7}{15}$	⑦ $\frac{6}{29}$	⑬ $\frac{3}{29}$	⑲ $\frac{3}{53}$
② $\frac{5}{16}$	⑧ $\frac{7}{33}$	⑭ $\frac{2}{23}$	⑳ $\frac{5}{71}$
③ $\frac{4}{25}$	⑨ $\frac{3}{17}$	⑮ $\frac{2}{25}$	㉑ $\frac{3}{50}$
④ $\frac{7}{31}$	⑩ $\frac{4}{27}$	⑯ $\frac{2}{31}$	㉒ $\frac{4}{55}$
⑤ $\frac{5}{21}$	⑪ $\frac{3}{19}$	⑰ $\frac{4}{47}$	㉓ $\frac{2}{43}$
⑥ $\frac{4}{23}$	⑫ $\frac{5}{37}$	⑱ $\frac{2}{35}$	㉔ $\frac{5}{77}$

2 DAY 분자가 자연수의 배수인 (가분수) ÷ (자연수)

25쪽

① $\frac{3}{5}$	⑦ $\frac{2}{7}$	⑬ $\frac{1}{6}$	⑲ $\frac{2}{15}$
② $\frac{7}{9}$	⑧ $\frac{1}{4}$	⑭ $\frac{1}{7}$	⑳ $\frac{3}{11}$
③ $\frac{3}{8}$	⑨ $\frac{3}{7}$	⑮ $\frac{6}{17}$	㉑ $\frac{5}{13}$
④ $\frac{5}{11}$	⑩ $\frac{5}{12}$	⑯ $\frac{4}{11}$	㉒ $\frac{3}{10}$
⑤ $\frac{9}{14}$	⑪ $\frac{7}{13}$	⑰ $\frac{3}{10}$	
⑥ $\frac{1}{3}$	⑫ $\frac{1}{5}$	⑱ $\frac{3}{13}$	

26쪽

① $1\frac{1}{7}$	⑦ $1\frac{2}{3}$	⑬ $1\frac{3}{13}$	⑲ $1\frac{3}{8}$
② $2\frac{4}{11}$	⑧ $1\frac{4}{7}$	⑭ $1\frac{2}{5}$	⑳ $1\frac{3}{5}$
③ $1\frac{8}{15}$	⑨ $1\frac{5}{9}$	⑮ $1\frac{4}{5}$	㉑ $2\frac{1}{5}$
④ $3\frac{3}{4}$	⑩ $2\frac{1}{4}$	⑯ $1\frac{1}{11}$	㉒ $1\frac{3}{4}$
⑤ $1\frac{3}{10}$	⑪ $1\frac{1}{7}$	⑰ $1\frac{4}{7}$	㉓ $1\frac{3}{5}$
⑥ $1\frac{5}{13}$	⑫ $1\frac{1}{14}$	⑱ $2\frac{6}{11}$	㉔ $1\frac{2}{3}$

3 DAY 분자가 자연수의 배수가 아닌 (진분수) ÷ (자연수)

27쪽

① $\frac{3}{10}$ ② $\frac{5}{14}$ ③ $\frac{1}{9}$ ④ $\frac{2}{15}$ ⑤ $\frac{4}{21}$ ⑥ $\frac{5}{24}$
⑦ $\frac{8}{33}$ ⑧ $\frac{1}{16}$ ⑨ $\frac{3}{28}$ ⑩ $\frac{5}{48}$ ⑪ $\frac{7}{64}$ ⑫ $\frac{1}{25}$
⑬ $\frac{3}{40}$ ⑭ $\frac{7}{45}$ ⑮ $\frac{1}{36}$ ⑯ $\frac{7}{78}$ ⑰ $\frac{1}{49}$ ⑱ $\frac{5}{63}$
⑲ $\frac{9}{98}$ ⑳ $\frac{3}{32}$ ㉑ $\frac{3}{56}$ ㉒ $\frac{5}{63}$

28쪽

① $\frac{9}{22}$ ② $\frac{15}{34}$ ③ $\frac{13}{48}$ ④ $\frac{16}{63}$ ⑤ $\frac{15}{64}$ ⑥ $\frac{9}{44}$
⑦ $\frac{14}{75}$ ⑧ $\frac{11}{72}$ ⑨ $\frac{5}{66}$ ⑩ $\frac{7}{60}$ ⑪ $\frac{13}{98}$ ⑫ $\frac{6}{77}$
⑬ $\frac{7}{72}$ ⑭ $\frac{2}{45}$ ⑮ $\frac{5}{72}$ ⑯ $\frac{7}{90}$ ⑰ $\frac{3}{70}$ ⑱ $\frac{3}{55}$
⑲ $\frac{8}{99}$ ⑳ $\frac{5}{72}$ ㉑ $\frac{5}{84}$ ㉒ $\frac{4}{65}$ ㉓ $\frac{1}{42}$ ㉔ $\frac{4}{75}$

4 DAY 분자가 자연수의 배수가 아닌 (가분수) ÷ (자연수)

29쪽

① $\frac{11}{12}$ ② $\frac{4}{9}$ ③ $\frac{17}{30}$ ④ $\frac{5}{16}$ ⑤ $\frac{21}{32}$ ⑥ $\frac{39}{56}$ ⑦ $\frac{55}{64}$ ⑧ $\frac{6}{25}$
⑨ $\frac{18}{35}$ ⑩ $\frac{21}{55}$ ⑪ $\frac{47}{75}$ ⑫ $\frac{59}{85}$ ⑬ $\frac{7}{36}$ ⑭ $\frac{23}{54}$ ⑮ $\frac{25}{72}$ ⑯ $\frac{8}{49}$
⑰ $\frac{27}{91}$ ⑱ $\frac{11}{16}$ ⑲ $\frac{15}{32}$ ⑳ $\frac{17}{48}$ ㉑ $\frac{13}{27}$ ㉒ $\frac{16}{45}$

30쪽

① $\frac{13}{22}$ ② $\frac{19}{34}$ ③ $\frac{13}{24}$ ④ $2\frac{13}{18}\left(=\frac{49}{18}\right)$ ⑤ $\frac{16}{27}$ ⑥ $1\frac{2}{33}\left(=\frac{35}{33}\right)$ ⑦ $\frac{15}{28}$ ⑧ $\frac{43}{48}$
⑨ $\frac{14}{15}$ ⑩ $1\frac{11}{30}\left(=\frac{41}{30}\right)$ ⑪ $\frac{11}{48}$ ⑫ $1\frac{7}{30}\left(=\frac{37}{30}\right)$ ⑬ $\frac{13}{56}$ ⑭ $1\frac{5}{28}\left(=\frac{33}{28}\right)$ ⑮ $1\frac{7}{24}\left(=\frac{31}{24}\right)$ ⑯ $1\frac{1}{18}\left(=\frac{19}{18}\right)$
⑰ $\frac{9}{80}$ ⑱ $\frac{10}{99}$ ⑲ $\frac{7}{72}$ ⑳ $\frac{25}{48}$ ㉑ $\frac{9}{98}$ ㉒ $\frac{7}{45}$ ㉓ $\frac{8}{75}$ ㉔ $\frac{5}{32}$

5 DAY (분수) ÷ (자연수)를 분자의 나눗셈으로 계산하기

31쪽

❶ $\frac{1}{5}$
❷ $\frac{1}{3}$
❸ $\frac{5}{16}$
❹ $\frac{1}{3}$
❺ $\frac{1}{7}$
❻ $\frac{2}{11}$
❼ $\frac{1}{4}$
❽ $\frac{4}{15}$
❾ $\frac{2}{17}$
❿ $\frac{3}{28}$
⓫ $\frac{3}{20}$
⓬ $\frac{1}{6}$
⓭ $\frac{3}{19}$
⓮ $\frac{1}{17}$
⓯ $\frac{1}{9}$
⓰ $\frac{3}{20}$
⓱ $\frac{1}{21}$
⓲ $\frac{1}{18}$
⓳ $\frac{3}{35}$
⓴ $\frac{2}{21}$
㉑ $\frac{1}{20}$

32쪽

❶ $\frac{3}{5}$
❷ $1\frac{1}{6}\left(=\frac{7}{6}\right)$
❸ $\frac{4}{5}$
❹ $\frac{7}{8}$
❺ $\frac{4}{9}$
❻ $\frac{11}{24}$
❼ $\frac{6}{7}$
❽ $1\frac{1}{6}\left(=\frac{7}{6}\right)$
❾ $\frac{3}{4}$
❿ $\frac{5}{7}$
⓫ $\frac{3}{8}$
⓬ $\frac{4}{11}$
⓭ $\frac{5}{12}$
⓮ $\frac{3}{10}$
⓯ $\frac{3}{8}$
⓰ $\frac{1}{2}$
⓱ $\frac{2}{5}$
⓲ $\frac{5}{12}$
⓳ $\frac{4}{21}$
⓴ $\frac{6}{25}$
㉑ $\frac{4}{9}$
㉒ $\frac{3}{20}$
㉓ $\frac{3}{11}$
㉔ $\frac{4}{17}$

3 (진분수)÷(자연수), (가분수)÷(자연수)

1 DAY (진분수) ÷ (자연수)

35쪽

❶ $\frac{3}{16}$
❷ $\frac{2}{9}$
❸ $\frac{3}{16}$
❹ $\frac{2}{25}$
❺ $\frac{2}{35}$
❻ $\frac{7}{45}$
❼ $\frac{5}{36}$
❽ $\frac{5}{49}$
❾ $\frac{5}{56}$
❿ $\frac{4}{63}$
⓫ $\frac{5}{48}$
⓬ $\frac{3}{32}$
⓭ $\frac{2}{27}$
⓮ $\frac{4}{45}$
⓯ $\frac{7}{80}$
⓰ $\frac{3}{50}$
⓱ $\frac{3}{70}$
⓲ $\frac{2}{99}$
⓳ $\frac{4}{77}$
⓴ $\frac{5}{96}$
㉑ $\frac{5}{91}$
㉒ $\frac{3}{70}$

36쪽

❶ $\frac{7}{22}$
❷ $\frac{11}{40}$
❸ $\frac{27}{64}$
❹ $\frac{13}{54}$
❺ $\frac{8}{45}$
❻ $\frac{5}{51}$
❼ $\frac{17}{54}$
❽ $\frac{10}{63}$
❾ $\frac{14}{75}$
❿ $\frac{9}{44}$
⓫ $\frac{15}{64}$
⓬ $\frac{13}{88}$
⓭ $\frac{5}{32}$
⓮ $\frac{9}{70}$
⓯ $\frac{16}{85}$
⓰ $\frac{7}{72}$
⓱ $\frac{13}{84}$
⓲ $\frac{3}{70}$
⓳ $\frac{8}{91}$
⓴ $\frac{8}{77}$
㉑ $\frac{3}{88}$
㉒ $\frac{11}{96}$
㉓ $\frac{7}{90}$
㉔ $\frac{10}{99}$

2 DAY (가분수) ÷ (자연수)(1)

37쪽

❶ $\frac{7}{8}$

❷ $\frac{17}{30}$

❸ $\frac{5}{9}$

❹ $\frac{22}{51}$

❺ $\frac{9}{16}$

❻ $\frac{25}{72}$

❼ $\frac{8}{25}$

❽ $\frac{11}{15}$

❾ $\frac{17}{50}$

❿ $\frac{27}{80}$

⓫ $\frac{7}{36}$

⓬ $\frac{13}{24}$

⓭ $\frac{19}{36}$

⓮ $\frac{9}{49}$

⓯ $\frac{20}{63}$

⓰ $\frac{15}{77}$

⓱ $\frac{24}{91}$

⓲ $\frac{17}{40}$

⓳ $\frac{27}{56}$

⓴ $\frac{25}{72}$

㉑ $\frac{21}{64}$

㉒ $\frac{14}{99}$

38쪽

❶ $1\frac{11}{20}\left(=\frac{31}{20}\right)$

❷ $1\frac{15}{34}\left(=\frac{49}{34}\right)$

❸ $2\frac{4}{15}\left(=\frac{34}{15}\right)$

❹ $1\frac{22}{27}\left(=\frac{49}{27}\right)$

❺ $1\frac{17}{33}\left(=\frac{50}{33}\right)$

❻ $1\frac{11}{48}\left(=\frac{59}{48}\right)$

❼ $1\frac{13}{32}\left(=\frac{45}{32}\right)$

❽ $1\frac{17}{48}\left(=\frac{65}{48}\right)$

❾ $1\frac{7}{60}\left(=\frac{67}{60}\right)$

❿ $1\frac{19}{30}\left(=\frac{49}{30}\right)$

⓫ $1\frac{1}{35}\left(=\frac{36}{35}\right)$

⓬ $1\frac{11}{45}\left(=\frac{56}{45}\right)$

⓭ $1\frac{3}{65}\left(=\frac{68}{65}\right)$

⓮ $1\frac{13}{84}\left(=\frac{97}{84}\right)$

⓯ $1\frac{5}{28}\left(=\frac{33}{28}\right)$

⓰ $1\frac{5}{24}\left(=\frac{29}{24}\right)$

⓱ $1\frac{29}{54}\left(=\frac{83}{54}\right)$

⓲ $1\frac{1}{40}\left(=\frac{41}{40}\right)$

⓳ $1\frac{23}{30}\left(=\frac{53}{30}\right)$

⓴ $1\frac{6}{77}\left(=\frac{83}{77}\right)$

㉑ $1\frac{13}{44}\left(=\frac{57}{44}\right)$

㉒ $1\frac{1}{96}\left(=\frac{97}{96}\right)$

㉓ $1\frac{17}{60}\left(=\frac{77}{60}\right)$

㉔ $1\frac{3}{91}\left(=\frac{94}{91}\right)$

3 DAY (가분수) ÷ (자연수)(2)

39쪽

❶ $\frac{4}{5}$

❷ $\frac{3}{8}$

❸ $\frac{5}{11}$

❹ $\frac{7}{10}$

❺ $\frac{5}{9}$

❻ $\frac{3}{7}$

❼ $\frac{5}{8}$

❽ $\frac{4}{9}$

❾ $\frac{5}{12}$

❿ $\frac{3}{13}$

⓫ $\frac{3}{10}$

⓬ $\frac{2}{7}$

⓭ $\frac{4}{27}$

⓮ $\frac{7}{12}$

⓯ $\frac{5}{13}$

⓰ $\frac{4}{15}$

⓱ $\frac{5}{17}$

⓲ $\frac{3}{19}$

⓳ $\frac{3}{16}$

⓴ $\frac{5}{22}$

㉑ $\frac{5}{21}$

40쪽

❶ $1\frac{2}{7}\left(=\frac{9}{7}\right)$

❷ $2\frac{4}{11}\left(=\frac{26}{11}\right)$

❸ $1\frac{11}{15}\left(=\frac{26}{15}\right)$

❹ $2\frac{1}{4}\left(=\frac{9}{4}\right)$

❺ $1\frac{4}{7}\left(=\frac{11}{7}\right)$

❻ $1\frac{3}{10}\left(=\frac{13}{10}\right)$

❼ $1\frac{4}{13}\left(=\frac{17}{13}\right)$

❽ $2\frac{1}{3}\left(=\frac{7}{3}\right)$

❾ $1\frac{4}{9}\left(=\frac{13}{9}\right)$

❿ $1\frac{3}{4}\left(=\frac{7}{4}\right)$

⓫ $1\frac{6}{7}\left(=\frac{13}{7}\right)$

⓬ $1\frac{3}{13}\left(=\frac{16}{13}\right)$

⓭ $1\frac{4}{5}\left(=\frac{9}{5}\right)$

⓮ $1\frac{1}{9}\left(=\frac{10}{9}\right)$

⓯ $1\frac{1}{5}\left(=\frac{6}{5}\right)$

⓰ $2\frac{2}{3}\left(=\frac{8}{3}\right)$

⓱ $1\frac{2}{7}\left(=\frac{9}{7}\right)$

⓲ $1\frac{3}{5}\left(=\frac{8}{5}\right)$

⓳ $1\frac{1}{10}\left(=\frac{11}{10}\right)$

⓴ $1\frac{2}{11}\left(=\frac{13}{11}\right)$

㉑ $2\frac{1}{5}\left(=\frac{11}{5}\right)$

㉒ $1\frac{1}{6}\left(=\frac{7}{6}\right)$

㉓ $1\frac{2}{9}\left(=\frac{11}{9}\right)$

㉔ $1\frac{1}{7}\left(=\frac{8}{7}\right)$

4 DAY (가분수) ÷ (자연수)(3)

41쪽

❶ $\frac{9}{14}$
❷ $\frac{3}{10}$
❸ $\frac{7}{18}$
❹ $\frac{5}{6}$
❺ $2\frac{3}{14}\left(=\frac{31}{14}\right)$
❻ $\frac{2}{9}$
❼ $\frac{3}{14}$
❽ $\frac{8}{21}$
❾ $\frac{14}{15}$
❿ $1\frac{7}{8}\left(=\frac{15}{8}\right)$
⓫ $\frac{7}{36}$
⓬ $\frac{3}{20}$
⓭ $\frac{9}{14}$
⓮ $\frac{11}{18}$
⓯ $\frac{13}{14}$
⓰ $\frac{16}{21}$
⓱ $\frac{14}{15}$
⓲ $\frac{1}{8}$
⓳ $\frac{15}{16}$
⓴ $\frac{11}{30}$
㉑ $\frac{1}{12}$

42쪽

❶ $\frac{13}{20}$
❷ $\frac{25}{28}$
❸ $\frac{5}{22}$
❹ $\frac{20}{33}$
❺ $\frac{7}{30}$
❻ $\frac{19}{52}$
❼ $1\frac{19}{36}\left(=\frac{55}{36}\right)$
❽ $\frac{13}{69}$
❾ $\frac{5}{42}$
❿ $\frac{13}{55}$
⓫ $\frac{17}{75}$
⓬ $\frac{5}{24}$
⓭ $1\frac{1}{8}\left(=\frac{9}{8}\right)$
⓮ $\frac{8}{45}$
⓯ $\frac{10}{21}$
⓰ $\frac{11}{32}$
⓱ $\frac{7}{20}$
⓲ $\frac{13}{36}$
⓳ $\frac{15}{16}$
⓴ $\frac{26}{55}$
㉑ $1\frac{1}{21}\left(=\frac{22}{21}\right)$
㉒ $1\frac{11}{25}\left(=\frac{36}{25}\right)$
㉓ $\frac{9}{26}$
㉔ $\frac{7}{16}$

5 DAY (진분수) ÷ (자연수), (가분수) ÷ (자연수)

43쪽

❶ $\frac{3}{14}$

❷ $\frac{13}{48}$

❸ $\frac{1}{6}$

❹ $\frac{16}{63}$

❺ $\frac{14}{45}$

❻ $\frac{11}{52}$

❼ $\frac{4}{45}$

❽ $\frac{6}{65}$

❾ $\frac{2}{15}$

❿ $\frac{5}{42}$

⓫ $\frac{5}{6}$

⓬ $\frac{19}{22}$

⓭ $1\frac{1}{6}\left(=\frac{7}{6}\right)$

⓮ $1\frac{1}{24}\left(=\frac{25}{24}\right)$

⓯ $\frac{23}{30}$

⓰ $\frac{7}{20}$

⓱ $\frac{11}{24}$

⓲ $\frac{9}{10}$

⓳ $\frac{7}{66}$

⓴ $\frac{8}{35}$

㉑ $\frac{13}{40}$

44쪽

❶ $\frac{3}{5}$

❷ $\frac{2}{7}$

❸ $\frac{4}{13}$

❹ $\frac{2}{9}$

❺ $\frac{4}{11}$

❻ $\frac{3}{5}$

❼ $1\frac{1}{2}\left(=\frac{3}{2}\right)$

❽ $\frac{2}{7}$

❾ $\frac{3}{7}$

❿ $\frac{4}{11}$

⓫ $\frac{2}{5}$

⓬ $\frac{2}{19}$

⓭ $\frac{5}{14}$

⓮ $\frac{13}{18}$

⓯ $1\frac{1}{9}\left(=\frac{10}{9}\right)$

⓰ $\frac{16}{21}$

⓱ $1\frac{7}{10}\left(=\frac{17}{10}\right)$

⓲ $\frac{9}{52}$

⓳ $\frac{17}{45}$

⓴ $\frac{5}{22}$

㉑ $\frac{1}{4}$

㉒ $1\frac{2}{25}\left(=\frac{27}{25}\right)$

㉓ $\frac{19}{66}$

㉔ $\frac{4}{33}$

4 (대분수)÷(자연수)

1 DAY 분자가 자연수의 배수인 (대분수) ÷ (자연수)

47쪽

❶ $\frac{2}{3}$
❷ $\frac{6}{7}$
❸ $\frac{3}{7}$
❹ $\frac{3}{4}$
❺ $\frac{4}{5}$
❻ $\frac{7}{9}$
❼ $\frac{1}{3}$
❽ $\frac{3}{8}$
❾ $\frac{7}{8}$
❿ $\frac{3}{5}$
⓫ $\frac{1}{4}$
⓬ $\frac{2}{3}$
⓭ $\frac{4}{7}$
⓮ $\frac{3}{4}$
⓯ $\frac{2}{7}$
⓰ $\frac{3}{5}$
⓱ $\frac{3}{4}$
⓲ $\frac{4}{9}$
⓳ $\frac{5}{8}$
⓴ $\frac{3}{5}$
㉑ $\frac{1}{3}$
㉒ $\frac{2}{5}$

48쪽

❶ $\frac{17}{22}$
❷ $\frac{15}{17}$
❸ $\frac{13}{14}$
❹ $\frac{10}{13}$
❺ $\frac{7}{16}$
❻ $\frac{5}{18}$
❼ $\frac{11}{15}$
❽ $\frac{3}{10}$
❾ $1\frac{2}{7}\left(=\frac{9}{7}\right)$
❿ $\frac{2}{9}$
⓫ $\frac{4}{27}$
⓬ $1\frac{1}{6}\left(=\frac{7}{6}\right)$
⓭ $\frac{3}{13}$
⓮ $\frac{8}{17}$
⓯ $1\frac{1}{4}\left(=\frac{5}{4}\right)$
⓰ $1\frac{1}{9}\left(=\frac{10}{9}\right)$
⓱ $\frac{5}{27}$
⓲ $\frac{7}{8}$
⓳ $\frac{5}{14}$
⓴ $\frac{5}{16}$
㉑ $1\frac{1}{5}\left(=\frac{6}{5}\right)$
㉒ $\frac{4}{21}$
㉓ $1\frac{1}{3}\left(=\frac{4}{3}\right)$
㉔ $\frac{3}{5}$

2 DAY 분자가 자연수의 배수가 아닌 (대분수) ÷ (자연수)(1)

49쪽

❶ $1\frac{1}{8}\left(=\frac{9}{8}\right)$

❷ $1\frac{5}{6}\left(=\frac{11}{6}\right)$

❸ $\frac{14}{15}$

❹ $1\frac{5}{12}\left(=\frac{17}{12}\right)$

❺ $1\frac{8}{15}\left(=\frac{23}{15}\right)$

❻ $1\frac{2}{15}\left(=\frac{17}{15}\right)$

❼ $\frac{11}{12}$

❽ $\frac{19}{20}$

❾ $\frac{29}{32}$

❿ $1\frac{1}{12}\left(=\frac{13}{12}\right)$

⓫ $\frac{8}{15}$

⓬ $\frac{17}{25}$

⓭ $1\frac{4}{35}\left(=\frac{39}{35}\right)$

⓮ $\frac{23}{30}$

⓯ $\frac{37}{42}$

⓰ $1\frac{9}{35}\left(=\frac{44}{35}\right)$

⓱ $\frac{47}{56}$

⓲ $\frac{35}{64}$

⓳ $\frac{23}{45}$

⓴ $\frac{17}{27}$

50쪽

❶ $4\frac{5}{14}\left(=\frac{61}{14}\right)$

❷ $1\frac{7}{20}\left(=\frac{27}{20}\right)$

❸ $1\frac{11}{26}\left(=\frac{37}{26}\right)$

❹ $2\frac{5}{24}\left(=\frac{53}{24}\right)$

❺ $1\frac{4}{21}\left(=\frac{25}{21}\right)$

❻ $2\frac{20}{21}\left(=\frac{62}{21}\right)$

❼ $1\frac{5}{24}\left(=\frac{29}{24}\right)$

❽ $1\frac{4}{27}\left(=\frac{31}{27}\right)$

❾ $\frac{17}{33}$

❿ $1\frac{41}{45}\left(=\frac{86}{45}\right)$

⓫ $1\frac{5}{28}\left(=\frac{33}{28}\right)$

⓬ $1\frac{33}{40}\left(=\frac{73}{40}\right)$

⓭ $1\frac{8}{55}\left(=\frac{63}{55}\right)$

⓮ $\frac{19}{96}$

⓯ $\frac{59}{72}$

⓰ $1\frac{4}{35}\left(=\frac{39}{35}\right)$

⓱ $\frac{29}{60}$

⓲ $\frac{31}{36}$

⓳ $\frac{29}{96}$

⓴ $\frac{19}{84}$

㉑ $\frac{19}{42}$

㉒ $\frac{23}{75}$

㉓ $\frac{23}{60}$

㉔ $\frac{7}{32}$

3 DAY 분자가 자연수의 배수가 아닌 (대분수) ÷ (자연수)(2)

51쪽

1. $\frac{11}{16}$
2. $\frac{13}{20}$
3. $\frac{5}{6}$
4. $\frac{13}{21}$
5. $\frac{11}{12}$
6. $\frac{15}{16}$
7. $\frac{31}{60}$
8. $\frac{13}{44}$
9. $\frac{37}{45}$
10. $\frac{21}{40}$
11. $\frac{13}{50}$
12. $\frac{29}{42}$
13. $\frac{17}{42}$
14. $\frac{26}{35}$
15. $\frac{29}{42}$
16. $\frac{10}{49}$
17. $\frac{32}{63}$
18. $\frac{20}{91}$
19. $\frac{37}{72}$
20. $\frac{19}{24}$
21. $\frac{37}{56}$
22. $\frac{61}{81}$

52쪽

1. $2\frac{3}{14}\left(=\frac{31}{14}\right)$
2. $1\frac{5}{6}\left(=\frac{11}{6}\right)$
3. $1\frac{13}{20}\left(=\frac{33}{20}\right)$
4. $3\frac{1}{24}\left(=\frac{73}{24}\right)$
5. $1\frac{17}{24}\left(=\frac{41}{24}\right)$
6. $2\frac{1}{12}\left(=\frac{25}{12}\right)$
7. $1\frac{10}{21}\left(=\frac{31}{21}\right)$
8. $3\frac{7}{27}\left(=\frac{88}{27}\right)$
9. $2\frac{5}{6}\left(=\frac{17}{6}\right)$
10. $\frac{47}{84}$
11. $1\frac{3}{8}\left(=\frac{11}{8}\right)$
12. $1\frac{7}{32}\left(=\frac{39}{32}\right)$
13. $1\frac{1}{20}\left(=\frac{21}{20}\right)$
14. $1\frac{13}{45}\left(=\frac{58}{45}\right)$
15. $\frac{18}{65}$
16. $1\frac{5}{12}\left(=\frac{17}{12}\right)$
17. $1\frac{5}{24}\left(=\frac{29}{24}\right)$
18. $2\frac{5}{18}\left(=\frac{41}{18}\right)$
19. $1\frac{11}{70}\left(=\frac{81}{70}\right)$
20. $1\frac{9}{80}\left(=\frac{89}{80}\right)$
21. $1\frac{11}{36}\left(=\frac{47}{36}\right)$
22. $\frac{17}{30}$
23. $\frac{45}{88}$
24. $1\frac{5}{48}\left(=\frac{53}{48}\right)$

4 DAY 약분이 가능한 (대분수) ÷ (자연수)

53쪽

❶ $\frac{1}{2}$
❷ $\frac{5}{6}$
❸ $\frac{4}{5}$
❹ $\frac{5}{7}$
❺ $\frac{19}{28}$
❻ $\frac{5}{7}$
❼ $\frac{7}{8}$
❽ $\frac{3}{5}$
❾ $\frac{19}{45}$
❿ $\frac{5}{9}$
⓫ $\frac{3}{4}$
⓬ $\frac{11}{20}$
⓭ $\frac{3}{11}$
⓮ $\frac{9}{26}$
⓯ $\frac{9}{52}$
⓰ $\frac{11}{42}$
⓱ $\frac{15}{16}$
⓲ $\frac{3}{5}$
⓳ $\frac{9}{28}$
⓴ $\frac{5}{8}$

54쪽

❶ $4\frac{1}{3}\left(=\frac{13}{3}\right)$
❷ $2\frac{1}{5}\left(=\frac{11}{5}\right)$
❸ $3\frac{2}{5}\left(=\frac{17}{5}\right)$
❹ $2\frac{2}{7}\left(=\frac{16}{7}\right)$
❺ $1\frac{1}{4}\left(=\frac{5}{4}\right)$
❻ $1\frac{3}{7}\left(=\frac{10}{7}\right)$
❼ $1\frac{3}{8}\left(=\frac{11}{8}\right)$
❽ $1\frac{3}{10}\left(=\frac{13}{10}\right)$
❾ $2\frac{1}{10}\left(=\frac{21}{10}\right)$
❿ $1\frac{1}{2}\left(=\frac{3}{2}\right)$
⓫ $1\frac{7}{16}\left(=\frac{23}{16}\right)$
⓬ $1\frac{14}{27}\left(=\frac{41}{27}\right)$
⓭ $2\frac{3}{10}\left(=\frac{23}{10}\right)$
⓮ $1\frac{1}{7}\left(=\frac{8}{7}\right)$
⓯ $\frac{13}{16}$
⓰ $\frac{29}{45}$
⓱ $\frac{10}{27}$
⓲ $\frac{9}{14}$
⓳ $\frac{13}{21}$
⓴ $\frac{26}{49}$
㉑ $\frac{9}{20}$
㉒ $\frac{5}{18}$
㉓ $\frac{19}{40}$
㉔ $\frac{23}{70}$

(대분수) ÷ (자연수)

55쪽

❶ $1\frac{2}{9}\left(=\frac{11}{9}\right)$
❷ $1\frac{5}{9}\left(=\frac{14}{9}\right)$
❸ $\frac{11}{12}$
❹ $\frac{10}{13}$
❺ $3\frac{1}{2}\left(=\frac{7}{2}\right)$
❻ $1\frac{5}{24}\left(=\frac{29}{24}\right)$
❼ $1\frac{16}{27}\left(=\frac{43}{27}\right)$
❽ $2\frac{1}{5}\left(=\frac{11}{5}\right)$
❾ $\frac{5}{6}$
❿ $\frac{19}{32}$
⓫ $1\frac{3}{28}\left(=\frac{31}{28}\right)$
⓬ $1\frac{1}{12}\left(=\frac{13}{12}\right)$
⓭ $\frac{18}{25}$
⓮ $\frac{7}{10}$
⓯ $1\frac{7}{45}\left(=\frac{52}{45}\right)$
⓰ $\frac{9}{11}$
⓱ $\frac{5}{6}$
⓲ $\frac{4}{15}$
⓳ $\frac{1}{5}$
⓴ $\frac{2}{7}$

56쪽

❶ $1\frac{1}{4}\left(=\frac{5}{4}\right)$
❷ $1\frac{3}{5}\left(=\frac{8}{5}\right)$
❸ $1\frac{5}{18}\left(=\frac{23}{18}\right)$
❹ $\frac{17}{36}$
❺ $\frac{3}{8}$
❻ $1\frac{1}{10}\left(=\frac{11}{10}\right)$
❼ $\frac{3}{7}$
❽ $\frac{14}{15}$
❾ $\frac{3}{7}$
❿ $\frac{5}{8}$
⓫ $1\frac{2}{9}\left(=\frac{11}{9}\right)$
⓬ $1\frac{2}{15}\left(=\frac{17}{15}\right)$
⓭ $\frac{47}{84}$
⓮ $3\frac{1}{6}\left(=\frac{19}{6}\right)$
⓯ $\frac{1}{6}$
⓰ $\frac{17}{36}$
⓱ $1\frac{1}{6}\left(=\frac{7}{6}\right)$
⓲ $\frac{5}{12}$
⓳ $\frac{1}{4}$
⓴ $\frac{19}{30}$
㉑ $\frac{8}{21}$
㉒ $\frac{3}{4}$
㉓ $\frac{5}{21}$
㉔ $\frac{8}{27}$

5 (소수)÷(자연수)(1)

1 DAY 자연수의 나눗셈을 이용한 (소수) ÷ (자연수)(1)

59쪽

❶ 2.1
❷ 2.2
❸ 3.2
❹ 1.5
❺ 2.3
❻ 1.2
❼ 1.4
❽ 2.4
❾ 1.6
❿ 1.7
⓫ 2.6
⓬ 2.9
⓭ 1.8
⓮ 1.8
⓯ 1.9
⓰ 1.3

60쪽

❶ 3.4
❷ 2.8
❸ 4.3
❹ 5.6
❺ 6.3
❻ 3.8
❼ 3.6
❽ 5.4
❾ 3.3
❿ 4.2
⓫ 5.7
⓬ 2.8
⓭ 4.9
⓮ 12.2
⓯ 34.2
⓰ 31.2
⓱ 13.6
⓲ 13.8
⓳ 13.9
⓴ 24.6
㉑ 12.7

2 DAY 자연수의 나눗셈을 이용한 (소수) ÷ (자연수)(2)

61쪽

❶ 1.32
❷ 1.23
❸ 2.12
❹ 1.21
❺ 1.01
❻ 2.13
❼ 1.42
❽ 1.33
❾ 1.22
❿ 3.04
⓫ 3.12
⓬ 3.41
⓭ 2.11
⓮ 4.13
⓯ 3.23
⓰ 2.01

62쪽

❶ 1.54
❷ 1.68
❸ 1.95
❹ 1.62
❺ 2.77
❻ 2.26
❼ 1.87
❽ 2.17
❾ 2.58
❿ 1.94
⓫ 3.18
⓬ 1.93
⓭ 3.29
⓮ 1.84
⓯ 3.36
⓰ 1.59
⓱ 1.47
⓲ 2.93
⓳ 2.67
⓴ 1.75
㉑ 3.17

3 DAY 몫이 소수 한 자리 수인 (소수) ÷ (자연수)

63쪽

❶ 2.3
❷ 1.3
❸ 1.2
❹ 2.1
❺ 1.5
❻ 2.7
❼ 3.4
❽ 1.8
❾ 3.4
❿ 2.4
⓫ 1.3
⓬ 2.5
⓭ 11.4
⓮ 21.7
⓯ 12.8
⓰ 23.7

64쪽

❶ 2.3
❷ 2.1
❸ 3.9
❹ 1.7
❺ 2.6
❻ 2.4
❼ 1.7
❽ 3.7
❾ 2.8
❿ 4.5
⓫ 1.9
⓬ 4.8
⓭ 4.7
⓮ 6.4
⓯ 14.8
⓰ 25.9
⓱ 19.3
⓲ 16.3

4 DAY 몫이 소수 두 자리 수인 (소수) ÷ (자연수)(1)

65쪽

❶ 2.13
❷ 1.23
❸ 1.22
❹ 1.57
❺ 2.43
❻ 3.46
❼ 1.29
❽ 2.15
❾ 1.28
❿ 1.47
⓫ 2.18
⓬ 1.68
⓭ 1.93
⓮ 2.16

66쪽

❶ 3.12
❷ 1.32
❸ 2.12
❹ 2.43
❺ 1.21
❻ 3.32
❼ 1.58
❽ 2.52
❾ 1.75
❿ 1.86
⓫ 2.17
⓬ 3.29
⓭ 1.35
⓮ 2.67
⓯ 1.87
⓰ 3.18
⓱ 2.26
⓲ 1.95

5 DAY 몫이 소수 두 자리 수인 (소수) ÷ (자연수)(2)

67쪽

❶ 22.14
❷ 21.12
❸ 17.64
❹ 23.69
❺ 15.86
❻ 23.18
❼ 19.73
❽ 7.48
❾ 6.93
❿ 5.27
⓫ 4.78
⓬ 7.96

68쪽

❶ 13.32
❷ 42.13
❸ 12.24
❹ 32.39
❺ 13.59
❻ 33.17
❼ 18.37
❽ 24.57
❾ 17.93
❿ 31.28
⓫ 28.49
⓬ 23.48
⓭ 7.36
⓮ 8.53
⓯ 7.99
⓰ 6.57
⓱ 9.84
⓲ 8.29

6 (소수)÷(자연수)(2)

1 DAY 묷이 1보다 작은 소수인 (소수)÷(자연수)(1)

71쪽

❶ 0.2 ❷ 0.2 ❸ 0.3 ❹ 0.4 ❺ 0.4 ❻ 0.6 ❼ 0.3 ❽ 0.6 ❾ 0.2 ❿ 0.9 ⓫ 0.7 ⓬ 0.4 ⓭ 0.5 ⓮ 0.7 ⓯ 0.3 ⓰ 0.8

72쪽

❶ 0.3 ❷ 0.2 ❸ 0.5 ❹ 0.4 ❺ 0.7 ❻ 0.9 ❼ 0.7 ❽ 0.4 ❾ 0.9 ❿ 0.8 ⓫ 0.5 ⓬ 0.6 ⓭ 0.8 ⓮ 0.6 ⓯ 0.8 ⓰ 0.8 ⓱ 0.7 ⓲ 0.9

2 DAY 묷이 1보다 작은 소수인 (소수)÷(자연수)(2)

73쪽

❶ 0.2 ❷ 0.3 ❸ 0.5 ❹ 0.7 ❺ 0.6 ❻ 0.4 ❼ 0.8 ❽ 0.5 ❾ 0.3 ❿ 0.6 ⓫ 0.9 ⓬ 0.7 ⓭ 0.4 ⓮ 0.8 ⓯ 0.7 ⓰ 0.9

74쪽

❶ 0.3 ❷ 0.5 ❸ 0.6 ❹ 0.3 ❺ 0.4 ❻ 0.9 ❼ 0.4 ❽ 0.7 ❾ 0.9 ❿ 0.5 ⓫ 0.8 ⓬ 0.7 ⓭ 0.8 ⓮ 0.6 ⓯ 0.7 ⓰ 0.6 ⓱ 0.8 ⓲ 0.9

3 DAY 몫이 1보다 작은 소수인 (소수) ÷ (자연수)(3)

75쪽

❶ 0.14	❼ 0.38	⓭ 0.43
❷ 0.23	❽ 0.28	⓮ 0.24
❸ 0.12	❾ 0.25	
❹ 0.29	❿ 0.27	
❺ 0.13	⓫ 0.15	
❻ 0.18	⓬ 0.17	

76쪽

❶ 0.13	❼ 0.15	⓭ 0.18
❷ 0.41	❽ 0.12	⓮ 0.14
❸ 0.22	❾ 0.26	⓯ 0.17
❹ 0.21	❿ 0.24	⓰ 0.29
❺ 0.13	⓫ 0.28	⓱ 0.23
❻ 0.37	⓬ 0.13	⓲ 0.16

4 DAY 몫이 1보다 작은 소수인 (소수) ÷ (자연수)(4)

77쪽

❶ 0.42	❼ 0.83	⓭ 0.67
❷ 0.56	❽ 0.37	⓮ 0.78
❸ 0.27	❾ 0.73	
❹ 0.39	❿ 0.56	
❺ 0.19	⓫ 0.64	
❻ 0.24	⓬ 0.95	

78쪽

❶ 0.38	❼ 0.78	⓭ 0.47
❷ 0.29	❽ 0.25	⓮ 0.46
❸ 0.18	❾ 0.69	⓯ 0.84
❹ 0.56	❿ 0.96	⓰ 0.73
❺ 0.79	⓫ 0.86	⓱ 0.94
❻ 0.67	⓬ 0.69	⓲ 0.89

5 DAY 몫이 1보다 작은 소수인 (소수) ÷ (자연수)(5)

79쪽

❶ 0.17	❼ 0.55	⓭ 0.47
❷ 0.24	❽ 0.38	⓮ 0.76
❸ 0.18	❾ 0.77	
❹ 0.37	❿ 0.63	
❺ 0.16	⓫ 0.82	
❻ 0.43	⓬ 0.35	

80쪽

❶ 0.19	❼ 0.27	⓭ 0.59
❷ 0.25	❽ 0.39	⓮ 0.79
❸ 0.36	❾ 0.57	⓯ 0.88
❹ 0.48	❿ 0.69	⓰ 0.94
❺ 0.67	⓫ 0.84	⓱ 0.74
❻ 0.56	⓬ 0.96	⓲ 0.97

7 (소수)÷(자연수)(3)

1 DAY 소수점 아래 0을 내려 계산해야 하는 (소수) ÷ (자연수)(1)

83쪽

❶ 0.15
❷ 0.18
❸ 0.25
❹ 0.55
❺ 0.35
❻ 0.45
❼ 0.85
❽ 0.36
❾ 0.75
❿ 0.72
⓫ 0.95
⓬ 0.425
⓭ 0.675
⓮ 0.725

84쪽

❶ 0.12
❷ 0.15
❸ 0.86
❹ 0.55
❺ 0.74
❻ 0.85
❼ 0.65
❽ 0.85
❾ 0.56
❿ 0.65
⓫ 0.98
⓬ 0.95
⓭ 0.325
⓮ 0.725
⓯ 0.475
⓰ 0.925
⓱ 0.825
⓲ 0.975

2 DAY 소수점 아래 0을 내려 계산해야 하는 (소수) ÷ (자연수)(2)

85쪽

❶ 2.45
❷ 1.12
❸ 1.25
❹ 1.65
❺ 1.16
❻ 1.95
❼ 2.85
❽ 1.15
❾ 1.24
❿ 2.15
⓫ 1.68
⓬ 4.45
⓭ 1.125
⓮ 1.175

86쪽

❶ 2.15
❷ 1.55
❸ 1.36
❹ 1.75
❺ 1.35
❻ 1.85
❼ 1.46
❽ 1.35
❾ 1.65
❿ 2.55
⓫ 1.78
⓬ 2.95
⓭ 1.88
⓮ 1.45
⓯ 1.625
⓰ 2.175
⓱ 1.225
⓲ 2.275

3 DAY 몫의 소수 첫째 자리에 0이 있는 (소수) ÷ (자연수)(1)

87쪽

❶ 0.05 ❷ 0.04 ❸ 0.05 ❹ 0.06 ❺ 1.06 ❻ 1.03 ❼ 1.05 ❽ 2.07 ❾ 1.07 ❿ 1.04 ⓫ 2.05 ⓬ 1.04 ⓭ 2.04 ⓮ 3.06

88쪽

❶ 0.05 ❷ 0.04 ❸ 0.08 ❹ 0.07 ❺ 1.06 ❻ 1.08 ❼ 2.09 ❽ 2.06 ❾ 1.03 ❿ 1.05 ⓫ 3.05 ⓬ 2.08 ⓭ 1.05 ⓮ 4.07 ⓯ 2.07 ⓰ 1.09 ⓱ 2.09 ⓲ 3.08

4 DAY 몫의 소수 첫째 자리에 0이 있는 (소수) ÷ (자연수)(2)

89쪽

❶ 0.05 ❷ 0.05 ❸ 0.08 ❹ 1.05 ❺ 1.02 ❻ 1.05 ❼ 1.06 ❽ 4.05 ❾ 3.04 ❿ 6.05 ⓫ 4.06 ⓬ 5.05 ⓭ 4.05 ⓮ 8.06

90쪽

❶ 0.04 ❷ 0.05 ❸ 1.04 ❹ 3.05 ❺ 2.08 ❻ 3.05 ❼ 2.05 ❽ 1.05 ❾ 3.06 ❿ 4.05 ⓫ 9.05 ⓬ 5.08 ⓭ 9.05 ⓮ 7.04 ⓯ 7.05 ⓰ 8.05 ⓱ 9.08 ⓲ 9.05

5 DAY (소수) ÷ (자연수)

91쪽

❶ 0.45 ❷ 0.45 ❸ 2.35 ❹ 1.45 ❺ 1.15 ❻ 1.175 ❼ 1.275 ❽ 1.04 ❾ 2.04 ❿ 3.07 ⓫ 0.05 ⓬ 1.05 ⓭ 5.02 ⓮ 6.05

92쪽

❶ 0.55 ❷ 0.35 ❸ 0.38 ❹ 0.65 ❺ 0.975 ❻ 0.925 ❼ 1.55 ❽ 2.65 ❾ 1.85 ❿ 2.125 ⓫ 1.975 ⓬ 1.07 ⓭ 2.07 ⓮ 1.06 ⓯ 1.05 ⓰ 2.08 ⓱ 1.08 ⓲ 3.05 ⓳ 7.08 ⓴ 6.05 ㉑ 8.05

8 (소수)÷(자연수)(4)

1 DAY 몫이 자연수로 나누어떨어지지 않는 (자연수) ÷ (자연수)(1)

95쪽

❶ 2.5
❷ 1.2
❸ 3.5
❹ 1.5
❺ 1.6
❻ 2.5
❼ 2.4
❽ 4.5
❾ 7.4
❿ 6.5
⓫ 5.2
⓬ 1.5
⓭ 2.5
⓮ 1.4
⓯ 1.7
⓰ 3.5

96쪽

❶ 1.4
❷ 1.8
❸ 5.5
❹ 3.5
❺ 9.5
❻ 3.2
❼ 4.5
❽ 6.4
❾ 8.5
❿ 4.5
⓫ 8.5
⓬ 9.6
⓭ 5.5
⓮ 6.5
⓯ 9.5
⓰ 3.5
⓱ 2.4
⓲ 6.5

2 DAY 몫이 자연수로 나누어떨어지지 않는 (자연수) ÷ (자연수)(2)

97쪽

❶ 1.75
❷ 1.25
❸ 1.75
❹ 1.25
❺ 2.75
❻ 5.75
❼ 4.75
❽ 8.25
❾ 2.25
❿ 1.64
⓫ 2.35
⓬ 4.25
⓭ 3.75
⓮ 2.52

98쪽

❶ 2.25
❷ 3.25
❸ 3.75
❹ 1.75
❺ 1.35
❻ 2.75
❼ 6.75
❽ 5.25
❾ 3.25
❿ 1.84
⓫ 6.75
⓬ 9.75
⓭ 1.96
⓮ 4.75
⓯ 4.25
⓰ 3.65
⓱ 3.36
⓲ 4.85

3 DAY 몫이 자연수로 나누어떨어지지 않는 (자연수) ÷ (자연수)(3)

99쪽

❶ 0.5 ❷ 0.5 ❸ 0.2 ❹ 0.2 ❺ 0.3 ❻ 0.6 ❼ 0.6 ❽ 0.6 ❾ 0.4 ❿ 0.4 ⓫ 0.6 ⓬ 0.6 ⓭ 0.4 ⓮ 0.6 ⓯ 0.6 ⓰ 0.7

100쪽

❶ 0.6 ❷ 0.4 ❸ 0.2 ❹ 0.2 ❺ 0.5 ❻ 0.4 ❼ 0.8 ❽ 0.4 ❾ 0.8 ❿ 0.8 ⓫ 0.7 ⓬ 0.9 ⓭ 0.3 ⓮ 0.4 ⓯ 0.9 ⓰ 0.7 ⓱ 0.8 ⓲ 0.9

4 DAY 몫이 자연수로 나누어떨어지지 않는 (자연수) ÷ (자연수)(4)

101쪽

❶ 0.25 ❷ 0.75 ❸ 0.12 ❹ 0.25 ❺ 0.28 ❻ 0.14 ❼ 0.45 ❽ 0.35 ❾ 0.75 ❿ 0.44 ⓫ 0.26 ⓬ 0.45 ⓭ 0.42 ⓮ 0.64

102쪽

❶ 0.25 ❷ 0.25 ❸ 0.16 ❹ 0.35 ❺ 0.75 ❻ 0.36 ❼ 0.18 ❽ 0.75 ❾ 0.55 ❿ 0.65 ⓫ 0.84 ⓬ 0.65 ⓭ 0.75 ⓮ 0.85 ⓯ 0.34 ⓰ 0.85 ⓱ 0.74 ⓲ 0.92

5 DAY 몫의 소수점의 위치 확인하기

103쪽

❶ 1.75 ❷ 1.25 ❸ 3.25 ❹ 2.75 ❺ 5.25 ❻ 3.75 ❼ 12.4 ❽ 2.36 ❾ 1.95 ❿ 11.5 ⓫ 2.25 ⓬ 1.28 ⓭ 3.75 ⓮ 6.25 ⓯ 18.6 ⓰ 14.5 ⓱ 4.15 ⓲ 15.5 ⓳ 18.5

104쪽

❶ 2.16 ❷ 3.26 ❸ 2.75 ❹ 4.26 ❺ 1.84 ❻ 17.8 ❼ 3.47 ❽ 4.52 ❾ 12.4 ❿ 3.26 ⓫ 24.2 ⓬ 22.6 ⓭ 2.48 ⓮ 14.5 ⓯ 31.8 ⓰ 2.58 ⓱ 1.96 ⓲ 23.7 ⓳ 1.45 ⓴ 3.28 ㉑ 12.5

9 비와 비율(1)

1 DAY 두 수의 비로 나타내기(1)

107쪽

❶ 2:1
❷ 2:5
❸ 3:2
❹ 3:4
❺ 4:1
❻ 4:5
❼ 5:2
❽ 6:7
❾ 7:4
❿ 8:9
⓫ 9:7
⓬ 2:7
⓭ 3:1
⓮ 3:8
⓯ 4:9
⓰ 5:3
⓱ 5:6
⓲ 7:5
⓳ 7:9
⓴ 8:5
㉑ 9:2
㉒ 9:5

108쪽

❶ 10:7
❷ 11:13
❸ 13:9
❹ 16:17
❺ 17:11
❻ 18:19
❼ 18:17
❽ 19:20
❾ 11:15
❿ 13:12
⓫ 13:19
⓬ 14:13
⓭ 15:17
⓮ 16:11
⓯ 18:19
⓰ 19:14
⓱ 12:7
⓲ 12:7
⓳ 14:11
⓴ 14:11
㉑ 16:9
㉒ 16:9
㉓ 17:19
㉔ 17:19

2 DAY 두 수의 비로 나타내기(2)

109쪽

❶ 5:3
❷ 3:4
❸ 7:5
❹ 4:5
❺ 7:6
❻ 2:7
❼ 8:7
❽ 5:8
❾ 9:8
❿ 5:9
⓫ 7:9
⓬ 2:5
⓭ 3:2
⓮ 3:7
⓯ 4:3
⓰ 4:9
⓱ 5:2
⓲ 5:6
⓳ 6:1
⓴ 6:7
㉑ 8:3
㉒ 9:7

110쪽

❶ 11:12
❷ 16:13
❸ 9:14
❹ 15:14
❺ 16:15
❻ 18:17
❼ 13:17
❽ 19:18
❾ 9:11
❿ 11:13
⓫ 12:13
⓬ 13:16
⓭ 14:15
⓮ 17:14
⓯ 15:22
⓰ 19:17
⓱ 2:11
⓲ 2:11
⓳ 8:13
⓴ 8:13
㉑ 4:19
㉒ 4:19
㉓ 18:19
㉔ 18:19

3 DAY 비율을 분수로 나타내기

111쪽

1. $\frac{2}{3}$
2. $\frac{3}{5}$
3. $\frac{4}{7}$
4. $\frac{5}{8}$
5. $\frac{6}{7}$
6. $\frac{7}{14}\left(=\frac{1}{2}\right)$
7. $\frac{2}{7}$
8. $\frac{3}{8}$
9. $\frac{4}{5}$
10. $\frac{5}{6}$
11. $\frac{6}{11}$
12. $\frac{7}{8}$
13. $\frac{8}{16}\left(=\frac{1}{2}\right)$
14. $\frac{9}{18}\left(=\frac{1}{2}\right)$
15. $\frac{5}{7}$
16. $\frac{7}{10}$
17. $\frac{10}{11}$
18. $\frac{12}{15}\left(=\frac{4}{5}\right)$
19. $1\frac{1}{12}\left(=\frac{13}{12}\right)$
20. $\frac{15}{17}$
21. $\frac{15}{30}\left(=\frac{1}{2}\right)$
22. $\frac{16}{32}\left(=\frac{1}{2}\right)$

112쪽

1. $\frac{1}{7}$
2. $\frac{2}{9}$
3. $\frac{7}{10}$
4. $\frac{3}{10}$
5. $\frac{2}{11}$
6. $\frac{4}{11}$
7. $\frac{6}{13}$
8. $\frac{12}{13}$
9. $\frac{5}{10}\left(=\frac{1}{2}\right)$
10. $\frac{6}{12}\left(=\frac{1}{2}\right)$
11. $\frac{7}{14}\left(=\frac{1}{2}\right)$
12. $\frac{3}{15}\left(=\frac{1}{5}\right)$
13. $\frac{2}{10}\left(=\frac{1}{5}\right)$
14. $\frac{3}{12}\left(=\frac{1}{4}\right)$
15. $\frac{4}{20}\left(=\frac{1}{5}\right)$
16. $\frac{8}{16}\left(=\frac{1}{2}\right)$
17. $\frac{9}{10}$
18. $\frac{10}{13}$
19. $\frac{11}{12}$
20. $\frac{13}{14}$
21. $\frac{16}{19}$
22. $\frac{18}{21}\left(=\frac{6}{7}\right)$
23. $\frac{18}{19}$
24. $\frac{19}{20}$

4 DAY 비율을 소수로 나타내기

113쪽

1. 0.5
2. 0.5
3. 0.5
4. 0.8
5. 2.5
6. 0.75
7. 0.2
8. 0.3
9. 0.5
10. 1.5
11. 0.75
12. 0.5
13. 0.68
14. 1.5
15. 0.25
16. 0.4
17. 0.4
18. 0.5
19. 1.1
20. 0.65
21. 0.6
22. 0.8

114쪽

1. 0.25
2. 0.25
3. 0.8
4. 0.25
5. 1.25
6. 0.5
7. 0.2
8. 0.8
9. 0.25
10. 0.45
11. 0.8
12. 0.25
13. 0.4
14. 0.15
15. 0.25
16. 1.25
17. 1.2
18. 0.35
19. 2.25
20. 1.25
21. 6.5
22. 1.5
23. 0.75
24. 1.2

5 DAY 비율을 분수 또는 소수로 나타내기

115쪽

❶ $\frac{1}{3}$

❷ $\frac{2}{5}$

❸ $\frac{3}{10}$

❹ $\frac{4}{3}\left(=1\frac{1}{3}\right)$

❺ $\frac{5}{7}$

❻ $\frac{8}{11}$

❼ $\frac{6}{13}$

❽ $\frac{9}{5}\left(=1\frac{4}{5}\right)$

❾ $\frac{10}{9}\left(=1\frac{1}{9}\right)$

❿ $\frac{11}{14}$

⓫ $\frac{11}{22}\left(=\frac{1}{2}\right)$

⓬ $\frac{1}{4}$

⓭ $\frac{3}{5}$

⓮ $\frac{6}{7}$

⓯ $\frac{9}{10}$

⓰ $\frac{11}{12}$

⓱ $\frac{3}{5}$

⓲ $\frac{4}{7}$

⓳ $\frac{8}{13}$

⓴ $\frac{9}{15}\left(=\frac{3}{5}\right)$

㉑ $\frac{12}{8}\left(=\frac{3}{2}=1\frac{1}{2}\right)$

116쪽

❶ 0.125

❷ 0.25

❸ 0.625

❹ 0.75

❺ 0.25

❻ 0.25

❼ 0.4

❽ 0.4

❾ 0.375

❿ 1.375

⓫ 0.875

⓬ 0.32

⓭ 0.8

⓮ 0.375

⓯ 0.75

⓰ 0.08

⓱ 0.5

⓲ 0.55

⓳ 0.52

⓴ 0.4

㉑ 0.75

㉒ 0.8

㉓ 1.4

㉔ 1.25

10 비와 비율(2)

1 DAY 비율을 백분율로 나타내기(1)

119쪽

❶ 2 %
❷ 3 %
❸ 4 %
❹ 6 %
❺ 8 %
❻ 9 %
❼ 18 %
❽ 20 %
❾ 28 %
❿ 30 %
⓫ 40 %
⓬ 42 %
⓭ 53 %
⓮ 60 %
⓯ 64 %
⓰ 71 %
⓱ 79 %
⓲ 80 %
⓳ 81 %
⓴ 86 %
㉑ 91 %
㉒ 97 %

120쪽

❶ 102 %
❷ 103 %
❸ 109 %
❹ 110 %
❺ 114 %
❻ 126 %
❼ 135 %
❽ 140 %
❾ 152 %
❿ 160 %
⓫ 220 %
⓬ 228 %
⓭ 280 %
⓮ 302 %
⓯ 336 %
⓰ 390 %
⓱ 406 %
⓲ 430 %
⓳ 510 %
⓴ 528 %
㉑ 640 %
㉒ 678 %
㉓ 704 %
㉔ 721 %

2 DAY 비율을 백분율로 나타내기(2)

121쪽

❶ 50 %
❷ 75 %
❸ 40 %
❹ 80 %
❺ 25 %
❻ 75 %
❼ 20 %
❽ 30 %
❾ 70 %
❿ 90 %
⓫ 20 %
⓬ 40 %
⓭ 60 %
⓮ 80 %
⓯ 15 %
⓰ 35 %
⓱ 65 %
⓲ 85 %
⓳ 8 %
⓴ 20 %
㉑ 44 %
㉒ 88 %

122쪽

❶ 10 %
❷ 40 %
❸ 60 %
❹ 90 %
❺ 60 %
❻ 15 %
❼ 45 %
❽ 65 %
❾ 85 %
❿ 60 %
⓫ 12 %
⓬ 26 %
⓭ 46 %
⓮ 82 %
⓯ 20 %
⓰ 25 %
⓱ 40 %
⓲ 15 %
⓳ 27 %
⓴ 73 %
㉑ 45 %
㉒ 27 %
㉓ 30 %
㉔ 60 %

3 DAY 백분율을 분수로 나타내기

123쪽

① $\frac{2}{100}\left(=\frac{1}{50}\right)$

② $\frac{4}{100}\left(=\frac{1}{25}\right)$

③ $\frac{5}{100}\left(=\frac{1}{20}\right)$

④ $\frac{6}{100}\left(=\frac{3}{50}\right)$

⑤ $\frac{8}{100}\left(=\frac{2}{25}\right)$

⑥ $\frac{9}{100}$

⑦ $\frac{10}{100}\left(=\frac{1}{10}\right)$

⑧ $\frac{20}{100}\left(=\frac{1}{5}\right)$

⑨ $\frac{30}{100}\left(=\frac{3}{10}\right)$

⑩ $\frac{40}{100}\left(=\frac{2}{5}\right)$

⑪ $\frac{50}{100}\left(=\frac{1}{2}\right)$

⑫ $\frac{60}{100}\left(=\frac{3}{5}\right)$

⑬ $\frac{70}{100}\left(=\frac{7}{10}\right)$

⑭ $\frac{80}{100}\left(=\frac{4}{5}\right)$

⑮ $\frac{15}{100}\left(=\frac{3}{20}\right)$

⑯ $\frac{25}{100}\left(=\frac{1}{4}\right)$

⑰ $\frac{35}{100}\left(=\frac{7}{20}\right)$

⑱ $\frac{55}{100}\left(=\frac{11}{20}\right)$

⑲ $\frac{65}{100}\left(=\frac{13}{20}\right)$

⑳ $\frac{75}{100}\left(=\frac{3}{4}\right)$

㉑ $\frac{85}{100}\left(=\frac{17}{20}\right)$

㉒ $\frac{95}{100}\left(=\frac{19}{20}\right)$

124쪽

① $\frac{18}{100}\left(=\frac{9}{50}\right)$

② $\frac{26}{100}\left(=\frac{13}{50}\right)$

③ $\frac{32}{100}\left(=\frac{8}{25}\right)$

④ $\frac{38}{100}\left(=\frac{19}{50}\right)$

⑤ $\frac{44}{100}\left(=\frac{11}{25}\right)$

⑥ $\frac{46}{100}\left(=\frac{23}{50}\right)$

⑦ $\frac{58}{100}\left(=\frac{29}{50}\right)$

⑧ $\frac{64}{100}\left(=\frac{16}{25}\right)$

⑨ $\frac{66}{100}\left(=\frac{33}{50}\right)$

⑩ $\frac{72}{100}\left(=\frac{18}{25}\right)$

⑪ $\frac{78}{100}\left(=\frac{39}{50}\right)$

⑫ $\frac{82}{100}\left(=\frac{41}{50}\right)$

⑬ $\frac{94}{100}\left(=\frac{47}{50}\right)$

⑭ $\frac{105}{100}\left(=\frac{21}{20}=1\frac{1}{20}\right)$

⑮ $\frac{110}{100}\left(=\frac{11}{10}=1\frac{1}{10}\right)$

⑯ $\frac{130}{100}\left(=\frac{13}{10}=1\frac{3}{10}\right)$

⑰ $\frac{140}{100}\left(=\frac{7}{5}=1\frac{2}{5}\right)$

⑱ $\frac{148}{100}\left(=\frac{37}{25}=1\frac{12}{25}\right)$

⑲ $\frac{150}{100}\left(=\frac{3}{2}=1\frac{1}{2}\right)$

⑳ $\frac{156}{100}\left(=\frac{39}{25}=1\frac{14}{25}\right)$

㉑ $\frac{164}{100}\left(=\frac{41}{25}=1\frac{16}{25}\right)$

㉒ $\frac{180}{100}\left(=\frac{9}{5}=1\frac{4}{5}\right)$

㉓ $\frac{192}{100}\left(=\frac{48}{25}=1\frac{23}{25}\right)$

㉔ $\frac{220}{100}\left(=\frac{11}{5}=2\frac{1}{5}\right)$

4 DAY 백분율을 소수로 나타내기

125쪽

❶ 0.03
❷ 0.04
❸ 0.05
❹ 0.07
❺ 0.08
❻ 0.09
❼ 0.1
❽ 0.2
❾ 0.3
❿ 0.4
⓫ 0.5
⓬ 0.6
⓭ 0.7
⓮ 0.9
⓯ 0.15
⓰ 0.25
⓱ 0.35
⓲ 0.45
⓳ 0.55
⓴ 0.75
㉑ 0.85
㉒ 0.95

126쪽

❶ 0.14
❷ 0.16
❸ 0.22
❹ 0.28
❺ 0.34
❻ 0.38
❼ 0.41
❽ 0.46
❾ 0.52
❿ 0.58
⓫ 0.62
⓬ 0.69
⓭ 0.74
⓮ 0.76
⓯ 0.88
⓰ 0.96
⓱ 1.04
⓲ 1.08
⓳ 1.1
⓴ 1.15
㉑ 1.23
㉒ 1.31
㉓ 1.59
㉔ 2.2

5 DAY 비율은 백분율로, 백분율은 비율로 나타내기

127쪽

① 7 %
② 16 %
③ 32 %
④ 68 %
⑤ 70 %
⑥ 83 %
⑦ 104 %
⑧ 115 %
⑨ 203 %
⑩ 320 %
⑪ 444 %
⑫ 25 %
⑬ 60 %
⑭ 50 %
⑮ 80 %
⑯ 40 %
⑰ 55 %
⑱ 16 %
⑲ 80 %
⑳ 60 %
㉑ 48 %
㉒ 40 %

128쪽

① $\frac{11}{100}$, 0.11
② $\frac{13}{100}$, 0.13
③ $\frac{16}{100}\left(=\frac{4}{25}\right)$, 0.16
④ $\frac{24}{100}\left(=\frac{6}{25}\right)$, 0.24
⑤ $\frac{27}{100}$, 0.27
⑥ $\frac{29}{100}$, 0.29
⑦ $\frac{32}{100}\left(=\frac{8}{25}\right)$, 0.32
⑧ $\frac{36}{100}\left(=\frac{9}{25}\right)$, 0.36
⑨ $\frac{43}{100}$, 0.43
⑩ $\frac{57}{100}$, 0.57
⑪ $\frac{68}{100}\left(=\frac{17}{25}\right)$, 0.68
⑫ $\frac{71}{100}$, 0.71
⑬ $\frac{84}{100}\left(=\frac{21}{25}\right)$, 0.84
⑭ $\frac{88}{100}\left(=\frac{22}{25}\right)$, 0.88
⑮ $\frac{93}{100}$, 0.93
⑯ $\frac{96}{100}\left(=\frac{24}{25}\right)$, 0.96
⑰ $\frac{117}{100}\left(=1\frac{17}{100}\right)$, 1.17
⑱ $\frac{120}{100}\left(=\frac{6}{5}=1\frac{1}{5}\right)$, 1.2
⑲ $\frac{132}{100}\left(=\frac{33}{25}=1\frac{8}{25}\right)$, 1.32
⑳ $\frac{148}{100}\left(=\frac{37}{25}=1\frac{12}{25}\right)$, 1.48
㉑ $\frac{160}{100}\left(=\frac{8}{5}=1\frac{3}{5}\right)$, 1.6
㉒ $\frac{195}{100}\left(=\frac{39}{20}=1\frac{19}{20}\right)$, 1.95
㉓ $\frac{210}{100}\left(=\frac{21}{10}=2\frac{1}{10}\right)$, 2.1
㉔ $\frac{255}{100}\left(=\frac{51}{20}=2\frac{11}{20}\right)$, 2.55

수십만 학부모가 열광한 EBS 명강
'0.1%의 비밀'을 책으로 만난다!

부모만이 줄 수 있는 두 가지 선물, **자존감**과 **창의성**

조세핀 김 · 김경일 공저 | 264쪽 | 값15,000원

하버드대 교육대학원 **조세핀 김 교수**
대한민국 대표 인지심리학자 **김경일 교수**

최고 명사들이 제시하는 자녀교육 해법

EBS

11 단계

초등 6학년

과목	시리즈명	특징	수준	대상
전과목	만점왕	교과서 중심 초등 기본서		초1~6
	만점왕 통합본	바쁜 초등학생을 위한 국어·사회·과학 압축본		초3~6
	만점왕 단원평가	한 권으로 학교 단원평가 대비		초3~6
국어	참 쉬운 글쓰기	초등학생에게 꼭 필요한 기초 글쓰기 연습		예비 초~초6
	참 쉬운 급수 한자	쉽게 배우는 한자능력검정시험 7~8급		예비 초~초2
	어휘가 독해다!	독해로 완성하는 초등 필수 어휘 학습		초1~6
	4주 완성 독해력	학년별 교과서 연계 단기 독해 학습		초1~6
	당신의 문해력	평생을 살아가는 힘, '문해력' 향상 프로젝트		예비 초~중3
영어	EBS랑 홈스쿨 초등 영어	다양한 부가 자료가 있는 단계별 영어 학습		초3~6
	EBS 기초 영문법/영독해	고학년을 위한 중학 영어 내신 대비		초5~6
	초등 영어듣기평가 완벽대비	듣기 + 말하기 + 받아쓰기 영어 종합 학습		초3~6
수학	만점왕 연산	과학적 연산 방법을 통한 계산력 훈련		예비 초~초6
	만점왕 수학 플러스	교과서 중심 기본 + 응용 문제		초1~6
	만점왕 수학 고난도	상위권을 위한 고난도 수학 문제		초4~6
	초등 수해력	다음 학년 수학이 쉬워지는 원리 강화 응용서		예비 초~초6
사회	매일 쉬운 스토리 한국사	하루 한 주제를 쉽게 이야기로 배우는 한국사		초3~6
	스토리 한국사	고학년 사회 학습 및 한국사능력검정시험 입문서		초3~6
	多담은 한국사 연표	한국사 흐름을 익히기 쉬운 세로형 연표		초3~6
기타	창의체험 탐구생활	창의력을 키우는 창의체험활동·탐구		초1~6
	쉽게 배우는 초등 AI	초등 교과와 융합한 초등 인공지능 입문서		초1~6
전과목	기초학력 진단평가	3월 시행 기초학력 진단평가 대비서		초2~중2
	중학 신입생 예비과정	중학교 적응력을 올려 주는 예비 중1 필수 학습서		예비 중1

EBS

초등부터 EBS

교과서 기본과 응용 문제, 한 번에 잡자!

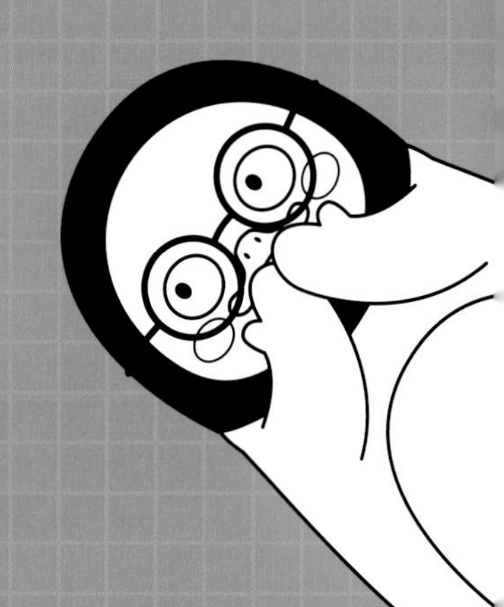

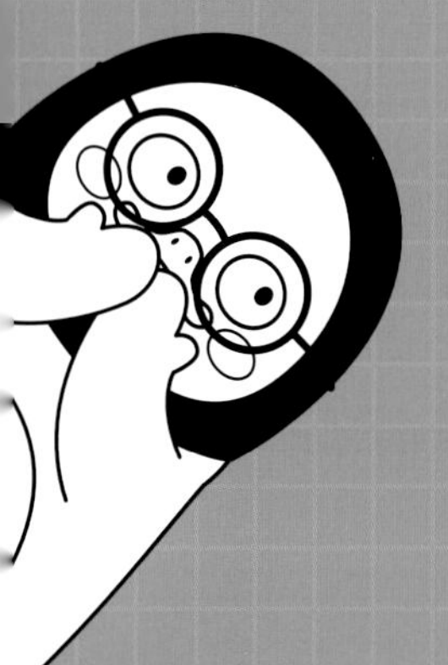

초 1~6학년, 학기별 발행

만점왕 수학 플러스

만점왕 수학이 쉬운
중위권 학생을 위한
문제 중심 수학 학습서

교과서 개념과
응용 문제로 키우는
문제 해결력

인터넷·모바일·TV로
제공하는 무료 강의

EBS와 함께하는 자기주도 학습 초등·중학 교재 로드맵

예비 초등 | 1학년 | 2학년 | 3학년 | 4학년 | 5학년 | 6학년

전과목 기본서/평가

- BEST **만점왕** 국어/수학/사회/과학 — 교과서 중심 초등 기본서
- **만점왕 통합본** 학기별(8책) HOT — 바쁜 초등학생을 위한 국어·사회·과학 압축본
- **만점왕 단원평가** 학기별(8책) — 한 권으로 학교 단원평가 대비
- **기초학력 진단평가** 초2~중2 — 초2부터 중2까지 기초학력 진단평가 대비

국어

- 독해: **4주 완성 독해력** 1~6단계 — 학년별 교과 연계 단기 독해 학습
- 문학
- 문법
- 어휘: **어휘가 독해다!** 초등 국어 어휘 1~2단계 — 1, 2학년 교과서 필수 낱말 + 읽기 학습
- 어휘: **어휘가 독해다!** 초등 국어 어휘 기본 — 3, 4학년 교과서 필수 낱말 + 읽기 학습
- 어휘: **어휘가 독해다!** 초등 국어 어휘 실력 — 5, 6학년 교과서 필수 낱말 + 읽기 학습
- 한자: **참 쉬운 급수 한자** 8급/7급 II/7급 — 한자능력검정시험 대비 급수별 학습
- 한자: **어휘가 독해다!** 초등 한자 어휘 1~4단계 — 하루 1개 한자 학습을 통한 어휘 + 독해 학습
- 쓰기: **참 쉬운 글쓰기** 1-따라 쓰는 글쓰기 — 맞춤법·받아쓰기로 시작하는 기초 글쓰기 연습
- 쓰기: **참 쉬운 글쓰기** 2-문법에 맞는 글쓰기/3-목적에 맞는 글쓰기 — 초등학생에게 꼭 필요한 기초 글쓰기 연습
- 문해력: **어휘/쓰기/ERI독해/배경지식/디지털독해가 문해력이다** — 평생을 살아가는 힘, 문해력을 키우는 학기별 • 단계별 종합 학습
- 문해력: **문해력 등급 평가** 초1~중1 — 내 문해력 수준을 확인하는 등급 평가

영어

EBS ELT 시리즈 | 권장 학년 : 유아 ~ 중1

- EBS Big Cat — Collins BIG CAT — 다양한 스토리를 통한 영어 리딩 실력 향상
- EBS Big Cat — Shinoy and the Chaos Crew — 흥미롭고 몰입감 있는 스토리를 통한 풍부한 영어 독서
- EBS easy learning — easy learning — 저연령 학습자를 위한 기초 영어 프로그램

- 독해: **EBS랑 홈스쿨 초등 영독해** Level 1~3 — 다양한 부가 자료가 있는 단계별 영독해 학습
- 독해: **EBS 기초 영독해** — 중학 영어 내신 만점을 위한 첫 영독해
- 문법: **EBS랑 홈스쿨 초등 영문법** 1~2 — 다양한 부가 자료가 있는 단계별 영문법 학습
- 문법: **EBS 기초 영문법** 1~2 HOT — 중학 영어 내신 만점을 위한 첫 영문법
- 어휘: **EBS랑 홈스쿨 초등 필수 영단어** Level 1~2 — 다양한 부가 자료가 있는 단계별 영단어 테마 연상 종합 학습
- 쓰기
- 듣기: **초등 영어듣기평가 완벽대비** 학기별(8책) — 듣기 + 받아쓰기 + 말하기 All in One 학습서

수학

- 연산: **만점왕 연산** Pre 1~2단계, 1~12단계 — 과학적 연산 방법을 통한 계산력 훈련
- 개념
- 응용: **만점왕 수학 플러스** 학기별(12책) — 교과서 중심 기본 + 응용 문제
- 심화: **만점왕 수학 고난도** 학기별(6책) — 상위권 학생을 위한 초등 고난도 문제집
- 특화: **초등 수해력** 영역별 P단계, 1~6단계(14책) — 다음 학년 수학이 쉬워지는 영역별 초등 수학 특화 학습서

사회

- 사회/역사: **초등학생을 위한 多담은 한국사 연표** — 연표로 흐름을 잡는 한국사 학습
- 사회/역사: **매일 쉬운 스토리 한국사** 1~2 /**스토리 한국사** 1~2 — 하루 한 주제를 이야기로 배우는 한국사/ 고학년 사회 학습 입문서

과학

- 과학

기타

- 창체: **창의체험 탐구생활** 1~12권 — 창의력을 키우는 창의체험활동·탐구
- AI: **쉽게 배우는 초등 AI** 1(1~2학년) — 초등 교과와 융합한 초등 1~2학년 인공지능 입문서
- AI: **쉽게 배우는 초등 AI** 2(3~4학년) — 초등 교과와 융합한 초등 3~4학년 인공지능 입문서
- AI: **쉽게 배우는 초등 AI** 3(5~6학년) — 초등 교과와 융합한 초등 5~6학년 인공지능 입문서